전통건축의 수리와 정비

일러두기

o 이 글은 문화재 수리와 정비라는 제목으로 기술한 것이나 공법에만 치중하지 않고 서론을 더한 것은 기술과 동시에 문화재의 개론을 이해할 수 있도록 한 것이다.
o 문화재는 모두가 각기 다른 것으로 보수방법을 일률적으로 같게 적용할 수 없는 것이므로 기본적인 사안에 대하여 설명하였다.
o 현행 문화재수리표준시방서를 기본으로 하면서 세부적인 해설을 더하려고 하였다.
o 문화재관련 각종 전문서(별첨 · 참고문헌)를 참고하였으나 지면관계상 전반적인 해설은 요약하였으며 앞으로 세분하여 추가할 예정이다.
o 용어는 현장과 실무에서 통상적으로 사용된 것을 인용하였다.
o 해설은 문화재수리설계심사시 전문가의 의견과 현장에서 경험한 실무를 기본으로 하였다.
o 시공 세부 사항에 대하여 미흡하나 필자가 기능자가 아니므로 서술에 한계가 있었다. (완숙한 내용의 기술은 기능자와 현장에서 직접 작업을 하면서 할 일이다)

전통건축의 수리와 정비

윤홍로 지음

차례

머리말
전통건축의 수리와 정비 ································· 10

제1장 전통건축의 개설
1. 전통건축의 구성과 기법 ································· 14
    가. 배흘림기둥 ································· 14
    나. 귀솟음 (生起)과 안쏠림 (側脚) ································· 14
    다. 처마의 앙곡과 안허리곡 ································· 15
    라. 영조척도(營造尺度) ································· 15

제2장 전통건축의 장인(匠人) · 연장(道具) · 자재(資材)
1. 장인(匠人) ································· 18
2. 연장(道具) ································· 21
3. 자재(資材) ································· 23
    가. 창덕궁 대조전 흥복헌(大造殿 興福軒)공사에 사용된 자재 ································· 23
    나. 화성조형공사에 사용된 자재 ································· 24

제3장. 문화재 보존의 규범과 방법
1. 문화재보존의 규범 ································· 26
    가. 문화재보호법 ································· 26
    나. 헌법 ································· 26

다. 역사적 목조건조물보존을 위한 원칙 (1999.ICOMOS 특별국제학술위원회) ······ 27

2. 문화재 보수의 개선 ······ 29
3. 문화재 수리방법 ······ 30
　가. 원 부재에 같은 재료의 보강방법 ······ 30
　나. 절단된 두 개의 부재를 보강하는 방법 ······ 31
　다. 구조적으로 불안정한 건조물의 보강방법 ······ 31
　라. 지진 · 폭설 · 강풍 · 화재 등에 의한 훼손방지 ······ 31

제4장 목조전통건축의 변천과 구조

1. 도리집 ······ 34
2. 주심포집 ······ 34
3. 다포집 ······ 38
4. 하앙공포(下昂拱包) ······ 40
5. 익공집 ······ 42

제5장 전통건축의 시공

1. 기초부 ······ 46
　가. 기초 ······ 46
　나. 기단(基壇) ······ 47
　다. 주초석 ······ 53
　라. 층계 ······ 57
　마. 하방고맥이 ······ 57
2. 목부 ······ 58
　가. 일반사항 ······ 58

나. 각 부재의 시공요령 · 59

3. 지붕 · 93

　　가. 일반사항 · 93

　　나. 지붕물매 · 94

　　다. 시대별 기와형태의 변화 · 95

　　라. 기와의 종류 · 99

　　마. 해체 · 104

　　바. 기와이기 · 104

4. 단청 · 107

　　가. 단청의 변화 · 107

　　나. 보존 · 107

5. 성벽보수공사 · 109

　　가. 일반사항 · 109

　　나. 석성 · 110

　　다. 성돌 재료 · 112

　　라. 보수범위 · 113

　　마. 보수방침 · 114

　　바. 주위정비 · 115

　　사. 자재준비 · 115

　　아. 기초공사 · 116

　　자. 성벽보수 · 117

　　차. 여장보수 · 119

6. 석탑 보수 · 120

　　가. 일반사항 · 120

　　나. 석탑의 구조 형식 · 120

다. 석탑보수의 실례 ·· 122
　　라. 석탑의 보존 ··· 125
7. 다리(석교) ·· 127
　　가. 해체 ··· 128
　　나. 보충재의 가공 ·· 129
　　다. 조립 ··· 129
8. 담장 ··· 130
　　가. 담장의 종류 ·· 130
　　나. 보수 ··· 132
9. 고분 왕릉 보존 ··· 132
10. 유적지 정비 ··· 133
11. 장인의 위상과 보호 육성 ··································· 137

제6장 맺음말 · 부록

맺음말 ··· 140

부록 1 : 문화재수리 표준시방서 중 공통사항 (2005. 문화재청 제정) ····· 142

부록 2 : 참고문헌 ·· 152

부록 3 : 도판목록 ·· 154

부록 4 : 찾아보기 (괄호안은 쪽수임) ······························· 156

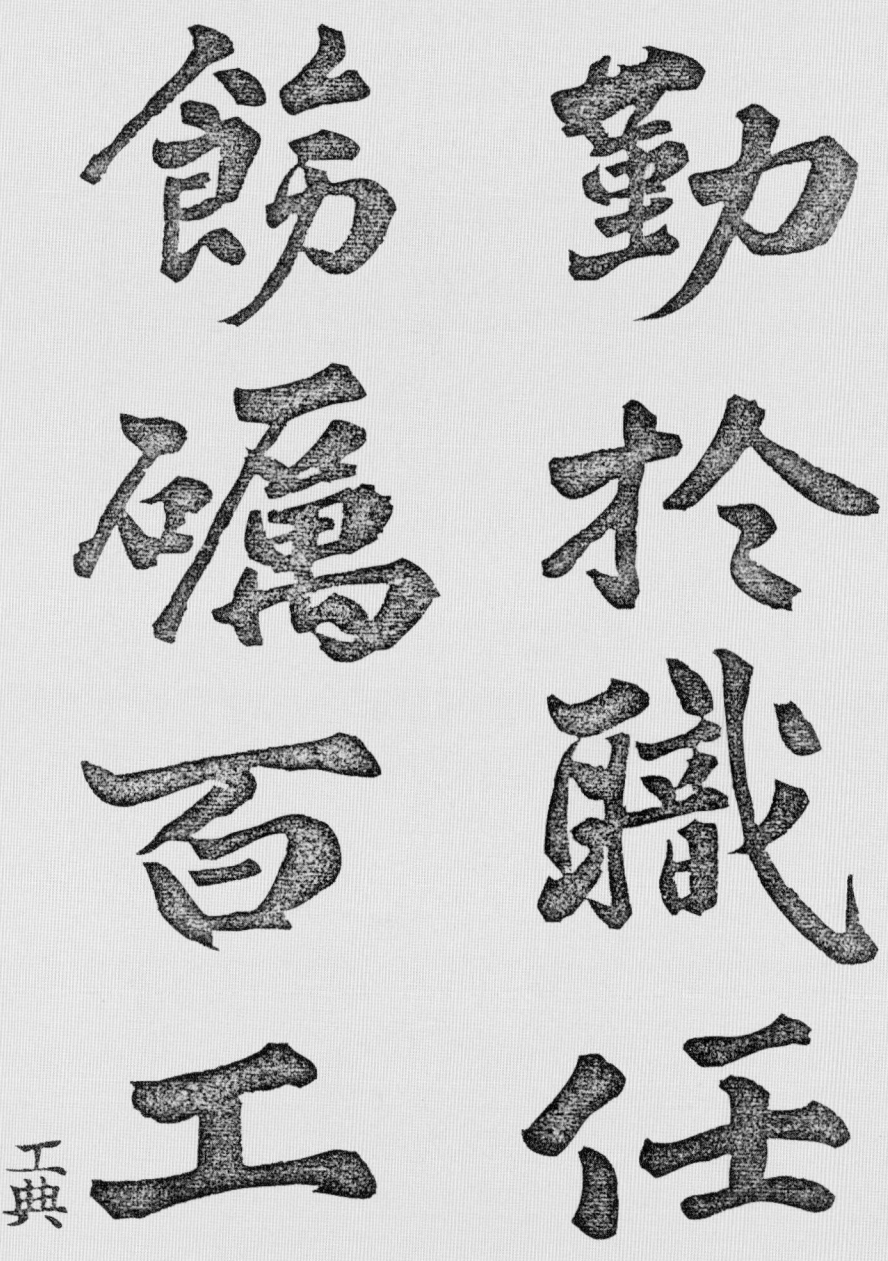

근어직임 칙려백공
(소임을 맡아 근면하고 백공을 독려한다)
대전회통 "공전"

머리말

전통건축의 수리와 정비

우리나라의 문화재보존관리역사는 광복 이후부터 지금까지 50여 년의 세월이 흘렀다. 그동안 고건축분야에서 몇몇 건축역사가와 고건축전문가가 이 분야에 대한 저술을 펴내어 후학들이 고건축을 연구하는 데 많은 도움이 되었으며 한편 건축기술에서 가장 핵심이 되는 건축기능 즉, 건축작업을 하는 세부적인 기법에 대하여는 미흡한 점이 없지 않다고 생각한다. 전자에 해당되는 건축역사와 구조양식에 대하여는 한국건축사, 전통건축양식론, 전통건축기법론, 전통건축구조·시공·용어 등의 저서가 발행되었으며, 전통건축시방서는 문화재청에서 문화재수리표준시방서를 제정하여 고건축 시공의 지침서가 되어 왔다. 건축기능에 대하여는 몇몇 장인들이 건축가의 도움으로 펴낸 책자로 "이제 이 조선 톱에도 녹이 슬었네"(배희한 저), "한식목조건축설계원론"(조승원·조영무 공저), "대목-사진과 도면으로 보는 한옥짓기"(문기현 저) 등 몇 권이 출판되었다. 동양건축의 대표적 저서인 영조법식에 대하여 번역한 것이 있으며 보다 상세한 것은 일본에서 번역 주석한 〈영조법식의 연구〉가 있어 전통건축을 연구하는 데 많은 도움이 되고 있다. 전통건축은 그동안 역사 구조 양식론 등에는 많은 연구가 되었으나 실제로 보수 복원 신축을 하는 시공기능에 대하여는 보다 더 상세하고 철저한 연구와 실현이 이루어져야 할 것이다.

한국의 전통건축은 고대로부터 근대까지 끊이지 않고 계속되어 그 유구는 상당히 많이 남아 있으나 건축학으로 정립된 것은 그렇게 오래되지 않은 것으로 생각된다. 건축은 실용성에 따라 조영되었으나 건축을 완공한 후에 기록의 정리는 정확하게 설계도면과 시방서로 남겨졌어야 했음에도 결과물은 별로 남지 않았고, 남은 것도 어려운 한문에 치중하여 후학들은 번역을 통하지 않고서는 학술적으로 규명하는 데 쉽지 않았다. 19세기 이후는 과거의 전통문화에서 과학이라는 새로운 문화로 변화되면서 동·서양은 새로운 건축기술과 자재 및 공법 그리고 사용기능에 따라 전통건축과는 다른 현대건축이 대두되었다. 우리나라에도 서양문화가 급격하게 도입되면서 건축은 전통목조건축으로부터 일탈되어 콘크리트조의 건축으로 변화되었다. 이런 와중에서 전통건축은 문화재의 한 분야로 취급받게 되었다. 건축을 포함하여 과거의 유물들은 전통문화의 계승에 목표를 삼고 새로운 건축은 사회의 변화에 따른 실용성에 맞추어 조영되었다. 이런 상황에서 고대건축은 건축역사학적인 연구의 대상이 되었다.

고건축의 연구는 건축역사의 규명이란 측면에서 건축유적지의 발굴조사, 건축물의 구조와 양식에 관한 조사, 기록 문헌 등을 통한 건축사의 연구, 기능과 기술의 전승에 의한 기법에 관한 연구, 고증에 의한 건물복원 등을 포함하여 다각적인 연구를 하고 이를 토대로 현대에서 전통건축의 이점을 살려 새로운 목조건축의 실현에 기초자료로 제공함에 그 의의가 있다고 하겠다. 목조건축에 관한 연구는 1900년대 초부터 시작하여 꾸준하게 지속되고 앞으로도 그러할 것이다. 과거 수천 년, 수백 년 전에 이룩한 문화유산으로서의 목조건축은 자연스런 마모, 전쟁, 화재 등으로 훼손 내지는 인멸되었거나 계속 유지보존을 위한 수리와 중건 등의 변화과정을 겪게 되었다. 과거의 원형을 되찾고, 앞으로 훼손 방지를 위하여 목조건축에 관한 연구는 문화재보존차원 – 문화재는 한민족 내지는 세계 인류의 문화 유산으로서 보존과 계승되어야 하는–에서 학문의 영역으로 지속될 것이다.

전통건축에 관한 최초연구는 일제강점기 일인건축학자들이 문화재연구차원에서 전국문화재조사로부터 시작되었다. 일제는 조선총독부령으로 국내의 고적 및 유물보존규칙을 정하고 고적조사위원회를 두었다. 이 시기에는 일인 학자(關野貞-세키노, 天沼俊一-아마누마, 藤島亥治郎-후지시마, 杉山信三-스기야마, 米田美代治-요네다)들이 대거 참여하여 국내 건축에 대한 조사를 하여 한국건축조사보고서, 불사순례기 및 조선상대건축의 연구, 고려말 선초의 건축연구, 조선고적도보 등 보고서를 간행하였다.

광복이후 한국건축사는 1960~70년대에 정인국(한국건축양식론 저:전 홍익대교수), 윤장섭(한국건축사 저 : 전 서울대교수) 등이 한국건축사와 건축양식론에 대한 저술을 하여 우리나라 고건축연구에 획기적인 업적을 남겼고, 강봉진(전 국보건설단-설계사무소 대표) 장기인(전 삼성건축설계 대표) 등은 고건축에 관한 보수 및 복원설계를 하여 건축문화재의 보존과 전통건축의 실용화를 기하려

하였다. 그 실례로는 불국사의 복원, 경주 임해전지의 복원 정비, 국립종합박물관(현 국립민속박물관)의 건립(고건축양식의 현대건축에 적용) 외 많은 고건축에 관한 일들이 진행되어 왔다.

1970년대에는 앞에 설명한 학자들의 고건축역사와 양식론 중심의 연구를 기반으로 고건축의 새로운 연구가 이룩되었는데 이는 김동현(한국전통문화학교 교수)의 "한국고건축의 전통기법에 관한 연구"이다. 이전까지는 건축 외형의 특성과 미에 관한 연구에 주안점을 두었으나 이후에는 고건축의 내적인 기법을 통하여 과거의 건축공법을 전승케 하려는 데 목적이 있었던 것으로 생각된다. 또한 장경호(전 국립문화재연구소장)는 그의 저서 "한국의 전통 건축"과 "백제시대건축연구"를 통하여 보다 더 세밀하게 한국건축의 발전과정을 분석하여 한국건축의 흐름을 건축사와 양식론적인 면으로 나누어 종합 탐구하였다.

최근에는 한국건축이 자생적으로 발생된 것 외에 중국, 일본 등과도 밀접한 관계 내지는 영향 하에 어떻게 형성되었는지에 대한 연구를 위해 많은 건축학자들이 각국을 교류하고 그 성과로 "중국고건축, 중국고전건축의 원리" 등(이상해·한동수 외 공역)이 번역 출간되었다.

이와 같이 전통건축은 역사 구조 양식 등에 대하여는 심도 있게 연구되었으나 실제 건축공법에 대한 연구는 별로 많지 않고 이제부터 시작단계라고 생각한다. 전통건축공법은 현장에서 직접적으로 수리 복원 등에 참가한 기능자의 몫이 되는 것이나 학술적인 정리를 기능자에게 맡길 수 없는 현실에서 소기의 성과를 거두지 못한 것은 매우 안타까운 일이다. 필자 역시 기능자가 아니라 기능자가 하는 일에 대하여 구구절절 세세하게 적는 데 한계가 있어 기술적인 이론에 치우친 경향이 없지 않다. 앞으로 현장에서 직접 근무하는 기술자·기능자의 협력을 기대하고자 한다.

2006년 3월

윤 홍 로

제 1 장 전통건축의 개설

1. 전통건축의 개설

1. 전통건축의 구성과 기법

가. 배흘림기둥

배흘림은 기둥의 굵기에서 기둥의 3분의 1 지점이 가장 굵고, 다음이 하부, 상부를 가장 가늘게 하는 기법으로 이는 시각교정을 위한 것이다. 시각교정이란 기둥을 원통형이나 민흘림으로 만들었을 경우 기둥의 중앙부분이 가늘게 보이는 것을 막기 위한 것이다. 배흘림기둥의 건물로는 고려말기의 부석사무량수전, 강릉객사문과 조선초기의 강진 무위사극락전 등에 나타나는데 배흘림이 가장 강한 건물은 강릉객사문이다. 이 건물의 배흘림수치는 기둥높이 10.85척에서 하단 직경이 1.84척이고 1/3지점은 1.89척으로 가장 굵고 기둥머리부분은 1.18척이다.

나. 귀솟음(生起)과 안쏠림(側脚)

귀솟음(生起)은 기둥의 높이를 각각 조절하여 건물전체의 균형을 잡는 기법이며, 안쏠림은 변주를 건물 내부 쪽으로 약간 기울여 건물 전체에 안정감을 주게 하는 기법이다. 귀솟음과 안쏠림은 옛날부터 내려오는 고도의 건축기법이었으며 지금도 고건물에서 볼 수 있으나 그 시공방법은 다른 부재와의 연관성이 많고 까다롭기도 하여 무시되거나 무지로 인하여 그 원형을 잃기도 한다. 그러나 이 기법은 한국건축의 중요한 기법이므로 영구히 간직되어야 할 것이다. 중국이나 일본에서도 이런 기법은 있었으나 중국은 명대이후에, 일본은 무로마치(室町)시대 이후에는 자취를 감추고 말았다고 한다. 이들 기법에 관한 기록은 중국의 건축서인 영조법식에 상세하게 기술되어 있다. 귀솟음은 중앙기둥에서 협간의 기둥으로 가면서 기둥높이를 점점 높게 하는 것인데 귀솟음이 없이 수평으로 기둥을 세워 놓으면 귀기둥이 처져 보이고 따라서 건물 전체가 추녀나 박공 쪽이 낮게 보이게 된다. 이런 현상을 없애기 위해 귀솟음을 둔다. 안쏠림이 없이 수직으로 기둥을 세우면 구조상 밖으로 밀려나는 불안한 상태가 나타나게 되고 시각적으로도 벌어지게 보이게 되는데 이런 현상을 없애기 위하여 미리 건물 내부

쪽으로 기울여 세우는 것이다. 안쏠림은 일본의 건물 중에 고루(鼓樓)나 종각(鐘閣)과 같은 소형 건물에 나타나는데 한국건축에 나타나는 현상보다 훨씬 강하게 하여 안쏠림이라 하기보다는 기둥을 경사지게 세운 것으로 보인다.

다. 처마의 앙곡과 안허리곡

목조건물은 처마의 휨이 수평 지지 않고 건물의 중앙부에서 추녀 쪽으로 약간씩 쳐들어 올라가게 하는데 이를 처마앙곡이라고 한다. 이는 귀솟음과도 관련이 있는데 귀솟음은 기둥자체를 높게 하는 것이고 앙곡은 평연으로부터 추녀 쪽으로 갈모산방을 설치하여 의도적으로 처마곡선이 점차 높아지게 하는 것이다. 앙곡이 없으면 지붕이 처져 보이게 됨으로 추녀끝을 점진적으로 높게 하는 것이다. 추녀도 직선재를 사용하지 않고 윗면으로 굽은 재를 사용하여 앙곡과 추녀곡 모두가 처지지 않고 곧게 뻗어 공중으로 향하게 한다. 처마안허리곡은 건물의 중앙부보다 추녀가 더 길게 뻗어 나오는 것을 말한다. 안허리곡이 없이 사방의 지붕이 직각으로 평형되게 지붕을 구성하게 되면 추녀부분이 안으로 들어가고 중앙부분이 밖으로 휘어 보이는데 안허리곡을 둠으로써 지붕선이 평행으로 보이게 하는 이른바 시각교정을 위한 것이다. 이런 기법은 매우 숙련된 건축 장인이 아니면 이루어 낼 수 없는 고도의 기술인 것이다.

라. 영조척도(營造尺度)

건축공사에 사용되는 용척은 현대건축이 미터법을 사용하고 고대건축은 미터법과 재래의 척(尺)이 혼용되고 있는 실정이다. 미터법과 척도법이 수치상에 있어 환산하면 큰 차이는 없는 것이나 고대 영조척도는 미터법이 사용되기 이전에 이미 전통건축의 기준이 되었던 것이므로 고대건축물의 조사와 연구는 물론 보수와 복원 시에 기존의 영조척도에 대한 분석은 과거의 건축기법을 밝히는 데 반드시 필요한 과정이다. 현재는 미터법의 상용으로 건축수치적용상 단순한 작업이나 과거의 척도는 시대와 지역, 건축물의 종류에 따라 여러 가지의 치수로 다르게 나타나므로 인하여 상당히 복잡한 양상이다. 현재 사용되고 있는 모든 척도는 미터법에 준하고 있다. 미터법은 일제강점기에 서양문화의 도입과 아울러 정해진 것으로 미터법이 들어오기 전에는 척도가 사용되었다. 고대의 용척은 중국의 악

기와 관련된 황종루칠지법(黃鍾累桼之法)에서 연유되었다고 한다. 동양에서 고대로부터 사용해 온 척도의 종류는 그 용도에 따라서 황종척(黃鍾尺)·영조척(營造尺)·포백척(布帛尺)·양전척(量田尺) 등으로 대별할 수 있다. 황종척은 음악의 음률을 고정(考定)하는 기준으로 사용했던 척도기준으로 황종루칠지법에 의하여 구십분(九十分)을 황종지장(黃鍾之長), 황종률관장(黃鍾律管長)으로 하고 백분(百分) 즉 십촌(十寸)을 황종척 일척(一尺)으로 하는 것으로서 후주(後周)와 한대(漢代)의 황종척 길이는 32.48cm 이었다고 하며(윤장섭 저 건축학연구:한국의 영조척도 66쪽) 조선 세종 12년대의 황종척의 길이는 34.72cm인 것으로 고증되고 있다. 지금까지 밝혀진 중국과 조선조의 영조척도에 관하여 곡척(현재의 영조척)으로 환산된 바를 종합해 보면 다음과 같다.

가) 당척(唐尺) : 1곡척 - 29.08cm영조척

나) 한척(漢尺) : 1곡척 - 22.119cm - 23.028cm, 영조척 : 1곡척은 0.732 - 0.76곡척

다) 고려척(高麗尺) : 1곡척 - 35.6328cm, 고려척1척 - 1.176영조척

라) 고려시대 영조척 : 30.785cm - 31.072cm, 1.016곡척 - 1.024곡척

마) 조선시대 영조척 : 곡척 31cm, 황종척 34.72 cm 의 0.899곡척

바) 조선조말 광무 6년(1902년) : 1m의 33분의 10인 30.3cm의 단위 곡척을 영조척으로 사용.

이와 같은 용척은 이론상으로는 매우 중요시하면서도 실제 적용에 있어서는 도외시되는 경향이 없지 않다. 현시점에서 건조물의 보수설계 시에 현황조사 및 실측과정에서 분석하여 적용기준을 설정하기도 하나 대부분의 경우 미터법을 적용하거나 척도를 미터법으로 환산한 수치를 대입하여 주간(柱間)의 간살잡기를 하고 면적산출에 대입하는 정도이다. 보수설계시 현재의 상태대로 측정하여 현재와 같은 수치대로 보수하면 될 것이라는 단순한 생각을 할 수도 있을 것이나 이는 건축의 근본을 분석하여 옛 기법을 밝히는 데는 미치지 못할 것이다.

제 2 장

전통건축의 장인(匠人)·연장(道具)·자재(資材)

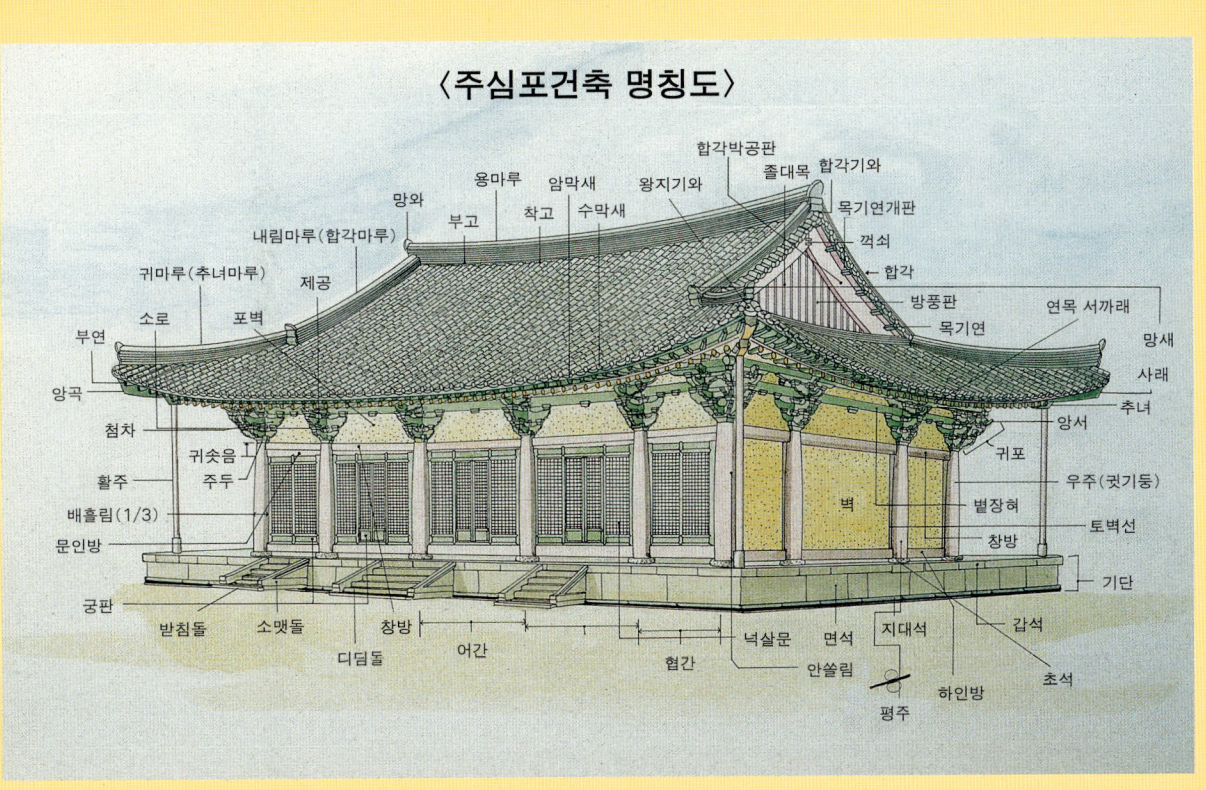

〈주심포건축 명칭도〉

2. 전통건축의 장인(匠人)·연장(道具)·자재(資材)

문화재수리는 과거의 기법을 근본으로 하며 원형보존은 건축물의 외형과 그 내부적인 기법이 동시에 보존되어야 한다. 건물의 외형은 보존기간동안에 여러 가지 형태로 바뀌어질 수도 있으며 내부 기법도 시대의 흐름에 따라 장인의 수법, 사용도구의 변화, 사회여건의 변화에 따라 달라질 수 있다. 전통건축의 장인·연장·자재 등에 대하여 살펴보면 다음과 같다.

1. 장인(匠人)

한국의 고건축을 이룩한 장인들은 언제부터, 어떻게 형성되었는지에 대하여 살펴보고자 한다. 한반도 안에 이룩된 고건축은 선사시대로부터 삼국시대, 통일신라시대, 고려시대, 조선시대를 통하여 그 유구와 실물로 많이 남아 있어 문화유산으로 빛나고 있다. 그러나 건축을 했던 장인에 대하여는 기록이 많지 않고, 건축을 했던 공법에 대하여도 상세한 기록을 남기지 않아 후학들로서는 궁금증을 풀기가 쉽지 않다. 장인에 대한 기록으로는 삼국사기, 삼국유사, 궁궐영건의궤, 주례고공기 등이 인용되고 있다. 삼국사기와 삼국유사에는 장인(匠人)을 공장(工匠)·대장(大匠)·목업(木業)·공기(工技)·도편수(都邊手.都片手)·편수(片手)·장인(匠人)·상대목(上大木) 등으로 이름하였다. 조선경국대전에 수록된 관아 건축공장의 분류를 보면 서울과 지방으로 나누고, 서울을 경공장(京工匠), 지방을 외공장(外工匠)이라 하였으며 각 공장은 장적(匠籍)을 작성하여 중앙과 지방의 관청에 보관하였다. 경국대전에 수록된 공장은 다음과 같다.

① 칠장(漆匠) : 기구(器具) 등에 칠(옻)을 올리는 장인

② 두석장(豆錫匠) : 주석(놋쇠의 일종)으로 기물을 만드는 장인

③ 궁현장(弓弦匠) : 활시위를 만드는 장인

④ 유칠장(油漆匠) : 들기름칠을 하는 장인

⑤ 주장(鑄匠) : 철을 녹여 기물을 만드는 장인

⑥ 나전장(螺鈿匠) : 자개로 조각하는 장인

⑦ 하엽녹장(荷葉綠匠) : 녹색도료를 만드는 장인

⑧ 유장(鍮匠) : 놋쇠를 다루는 장인

⑨ 배첩장(褙貼匠) : 종이나 헝겊 등을 겹쳐 붙이는 장인

⑩ 조각장(彫刻匠) : 조각하는 장인

⑪ 묵장(墨匠) : 먹을 만드는 장인

⑫ 동장(銅匠) : 구리쇠로 기물(器物)을 만드는 장인

⑬ 궁인(弓人) : 활을 만드는 장인

⑭ 야장(冶匠) : 대장장이

⑮ 아교장(阿膠匠) : 아교풀로 물건을 접착시키는 장인

⑯ 칭자장(稱子匠) : 저울을 만드는 장인

⑰ 화빈장(火鑌匠) : 강철을 단련하는 장인

⑱ 세답장(洗踏匠) : 세탁장인

⑲ 각자장(刻字匠) : 각판에 글자를 조각하는 장인

⑳ 지장 (紙匠) : 제지공(製紙工)

㉑ 개장 (蓋匠) : 기와 만드는 장인

㉒ 이장 (泥匠) : 미장이

㉓ 전장 (磚匠) : 벽돌 굽는 장인

㉔ 돌장 : 방구들 놓는 장인

㉕ 파자장(把子匠) : 울타리를 만드는 장인

㉖ 석회장(石灰匠) : 석회를 사용하는 장인

㉗ 잡상장(雜象匠) : 궁전 누각 지붕의 기와위에 여러 가지 짐승의 형상을 만드는 장인

화성성역의궤(華城城役儀軌)에 수록된 공장은 다음과 같다. 화성성역의궤에 편수들이 공사한 곳과 작업일수를 수록하여 공장들의 명칭을 알아 볼 수 있게 하였다. 공장들은 석수, 목수, 미장이, 와벽장이, 대장장이, 개와장이, 화공 등으로 구분하여 지역별(한성, 수원부, 개성부, 강화부, 경기도, 충청도, 전라도, 강원도, 황해도 등)로 출역한 장인들을 명기하였다. 석수(石手), 목수(木手),

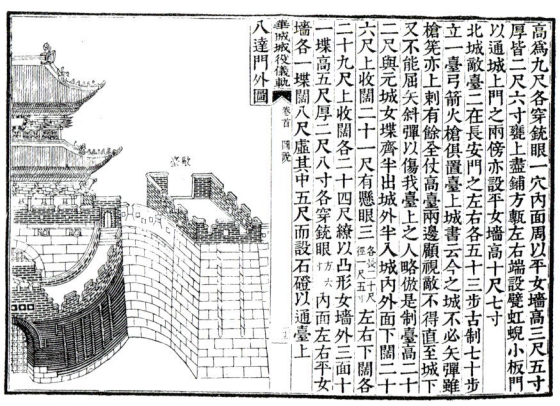

[도1] 화성성역의궤의 일부 (팔달문, 1800)

미장이(泥匠), 와벽장이(瓦甓匠), 대장장이(冶匠), 개와장이(蓋匠), 수레장이(車匠), 화공(畵工), 가칠장이(假漆匠), 큰끌톱장이(大引鋸匠), 작은끌톱장이(小引鋸匠), 기거장이(岐鋸匠), 걸톱장이(亘鋸匠), 조각장이(彫刻匠), 마조장이(磨造匠), 선장(船匠), 나막신장이(木鞋匠), 안장장이(鞍子匠), 병풍장이(屛風匠), 박배장이(朴排匠), 부계장이(浮械匠), 회장이(灰匠) 등이다.

[도2] 〈장인의 기와이기(김홍도 그림)〉 대목이 기둥다림(수직)보기를 하고 목수가 대패질을 하고 있음. 밑에서 흙을 빚어 올리고 기와를 던지면 지붕에서 받아 이음

[도3] 문화재수리 기능자 양성(2005)

2. 연장(道具)

　건축을 하는 데는 연장(道具)이 사용된다. 연장이란 어떤 물건을 만들거나 건축을 할 때 사용되는 도구(道具)를 말하는 것인데 고건축에서 연장의 가치는 매우 중요하다. 장인들의 건축행위를 밝히는 것은 기술적인 논리로써 해석은 가능할 것이나 실제 건축을 하는 시공 상의 기능에 대하여는 장인들이 사용했던 연장의 흔적을 찾고 연장의 사용기법을 터득함으로써 건축의 속사정을 알아 볼 수 있을 것이다. 옛 건축에 관한 기록을 보면 어떤 공사를 하기 전이나 공사를 한 후에는 연장에 대하여 기록을 남기고 있다. 그 예로는 주례고공기(周禮考工記), 천공개물(天工開物), 영조법식(營造法式), 화성성역의궤(華城城役儀軌) 등에 보이며 이들 문헌에는 연장의 그림을 도시하고, 사용방법에 대하여도 설명을 붙이고 있다. 우리나라의 건축연장은 화성성역의궤에 건축외관도, 각부분상세도와 함께 그림으로 비교적 자세하게 도시되어 있다. 이들 연장은 운반도구, 설치기, 다지기, 쪼개기, 고르기, 제작재료 등으로 나뉘어 있으나 실제 건축 작업에 필요한 대패·끌·톱 등은 수록되지 않았다. 이 의궤에 수록된 연장은 다음과 같다.

① 거중기(擧重器) : 무거운 물건을 들어올리거나 이동하는 기구로 횡량, 유량, 소거, 횡강, 활륜(도르레) 등 여러 가지 부속으로 장치되어 있다.

② 거중기분도(擧重機分圖) : 거중기의 각 부분을 세분하고 분해하여 설명한 그림이다.

③ 녹로전도(轆轤全圖) : 중량물을 들어 이동하는 것으로 현대의 기중기와 같은 형태로 되어 있다.

④ 녹로분도(轆轤分圖) : 거중기의 전도와 같이 녹로의 각 부분을 세분하고 분해하여 설명한 그림이다.

〔도4〕 물건을 들어올리는 데 사용되는 것으로 12,000근의 돌덩이를 30명의 장정으로 작업이 가능한 것으로 기술되어 있다. (장정이 거중기를 쓰지 않고 직접 들어올릴 경우 대략 2,000여 명이 필요함)

⑤ 대거전도(大車全圖) : 사람이나 짐승이 끄는 수레로 여(輿) 축(軸), 윤(輪)으로 구성되어 있다.

⑥ 평거전도(平車全圖) : 대거전도와 비슷한 수레이다.

⑦ 발차(發車) : 달구지. 소 한 마리가 끄는 짐수레. 작은 돌을 운반할 때 사용한다.

⑧ 동차(童車) : 바퀴가 네 개 달린 수레.

⑨ 구판(駒板) : 두 개의 널판에 구멍을 뚫어 매달고 밑에 둥근 나무를 받쳐 운반한다.

⑩ 설마(雪馬) : 물건을 사람이나 짐승이 끌고 다닐 수 있게 한 것으로 현대의 썰매와 같은 것이다.

⑪ 석저(石杵) : 돌로 만든 달구. 이 기구는 기초나 기단을 다질 때 사용하는 것이다. 좌우가 넓고 중앙이 가늘어 줄을 매달 수 있게 되어 있다. 여러 사람이 줄을 당기며 올렸다 내렸다 하면서 흙을 다지는 것이다.

⑫ 목저(木杵) : 목재로 만든 달구. 돌달구와 같은 것으로 나무기둥의 중간에 긴 막대기를 사방으로 끼워 넣고 막대기의 끝에 줄을 매어 여러 사람이 줄을 들었다 내렸다 하면서 흙을 다지는 것이다.

⑬ 천금철(千金鐵) : 넓적하고 긴 나무판으로 다지기를 할 때 사용하는 것이다.

⑭ 목병철추(木柄鐵椎) : 둥근 판에 긴 나무자루를 달아 다지기할 때 사용하는 것이다.

⑮ 정(釘) : 나무 자루에 매단 끌

⑯ 지가(支架) : 물건을 등에 지고 나르는 기구로 현대의 지게이다.

⑰ 철인(鐵紉) : 철사를 꼬아 만든 쇠줄이다.

⑱ 분(畚) : 삼태기

⑲ 여철(犁鐵) : 쟁기의 보삽과 같은 것이다.

⑳ 담기(擔機) : 물건을 실어 어깨에 메고 운반하는 도구이다.

㉑ 단기(單機) : 물건을 묶어 어깨에 메고 운반하는 도구이다.

㉒ 급경(汲綆) : 물을 푸는 두레박이다.

㉓ 담통(擔桶) : 물을 나르는 통으로 밑이 좁고 위가 넓게 나무쪽을 붙여 만든 것이다.

㉔ 험(枚) : 흙을 파거나 가까운 곳에 흙을 옮길 때 사용되는 것이다.

㉕ 용관자(龍貫子) : 물을 퍼 넘길 때 사용되는 기구이다. 삼발이를 세우고 한 사람이 퍼 넘긴다.

㉖ 삽(鍤) : 흙을 파거나 근접지에 운반할 때 사용하는 기구이다.

㉗ 화(鏵) : 삽과 같은 것이나 삽의 양귀에 줄을 매달아 두 사람이 흙을 파거나 가까운 곳에 운반하는 기구이다.

㉘ 첨궐(尖鐝) : 삽을 구부린 형태이며 앞이 뾰족하게 하여 흙을 파거나 거르는 기구이다.

㉙ 광궐(廣鐝) : 첨궐과 같은 것이나 날이 직사각형으로 된 것이다.

㉚ 괭이(곡괭이) : 돌을 뽑아내고 흙을 파내는 기구이다. (御製城華籌略)

〔도5〕 문화재 수리 기능자 연장(2000 기능자 선발대회)

화성성역의궤에 수록된 건축공사용 연장은 운반과 흙고르기에 사용된 것들이며 정작 목수나 석수가 사용했던 것은 기록되지 않았다. 기록에는 보이지 않으나 풍속화(김홍도)의 집 짓는 그림에서 몇 가지 건축용 연장을 볼 수가 있는데 목수가 기둥의 수직을 보는 데 먹통을 추로 하고 다림보기를 하는 장면, 대패로 나무판을 대패질하는 광경, 기와 잇는 흙을 지붕 위에 올리는 데 사용한 흙받이통, 지붕 위에 있는 사람(와공 추정)이 아래서 위로 던져올린 기와를 받는 광경, 장인이 낫을 갈고 있는 모습에 나타난 낫과 숫돌 등이 보인다.

3. 자재(資材)

문화재공사에 사용했던 자재의 종류, 재질, 명칭 등에 대하여 분석하는 것은 현재 시행되고 있는 수리공사와 복원공사에 고증자료로 중요한 가치를 갖게 된다. 문화재는 현상으로 남아 있으나 공사 당시에 사용했던 공법과 재질 등에 대한 기록이 희박하여 자세한 내용을 파악하는 것은 쉽지 않으며 어느 정도 알아 볼 수 있는 기록은 수리의궤에 의존할 수밖에 없는 실정이다. 이와 같은 의궤로는 궁궐조영의궤와 화성성역의궤가 있다. 이 의궤에는 자재의 종류, 수량, 크기 및 출처와 구입가격에 대해서도 상세하게 기록하였다. 이 가운데 창덕궁 대조전 흥복헌 중건공사와 화성성역에 사용된 자재에 대하여 기술하면 다음과 같다.

가. 창덕궁 대조전 흥복헌(大造殿 興福軒) 공사에 사용된 자재

석주(石柱), 주초(柱礎), 이기석(耳機石), 보석(步石), 연통석, 장대석(墻臺石), 우석 정석(頂石), 신방석(信防石), 장점석(蚕点石), 소주초(小柱礎), 화구석(火口石), 원고주(圓高柱), 고주(高柱), 고평주(高平柱), 평주(平柱), 대량(大樑), 합량(合樑), 퇴량(退樑), 종량(宗樑), 단대량(短大樑), 창방(昌防), 원도리(圓道里), 추녀(春舌), 사라(蛇羅), 산방(散防), 장여(長舌), 익공(翼工), 안초공(按草工), 보아지(甫兒只), 화반(花盤), 대주두(大柱頭), 소주두(小柱頭), 동자주(童子柱), 소루(小累), 장연(長椽), 선자연(扇子椽), 단연(短椽), 상단연(上短椽), 부연(附椽), 평교대(平交臺), 선자개판(扇子蓋板), 상단연개판(上短椽蓋板), 부연개판(婦椽蓋板), 착고(着固), 허가도리주(虛家道里柱), 소탕(所湯), 연(椽), 집부사(執扶舍), 연집부사(椽執扶舍), 과목(科木), 풍판(風板), 어간풍판(御間風板), 송죽(松竹), 박공(朴工)..... (이하 생략)

나. 화성조영공사에 사용된 자재

1) 목재

대부등(大不等), 중부등(中不等), 말단목(末端木), 소부등(小不等), 괴잡목(槐雜木), 회목(檜木), 다락기둥(樓住), 궁재(宮材), 원체목(圓體木), 벽련목(劈鍊木), 장송판(長松板), 큰서까래목(大椽木), 재절목(裁折木)

2) 기와 [瓦子]

중암키와(中女夫瓦), 보통암키와(常女夫瓦), 중암수막새(中女夫防草), 보통암수막새,(常女夫防草), 용두(龍頭), 취두(鷲頭), 토수(吐首), 절병통(節甁桶), 잡상(雜像), 연가(烟家)

3) 단청

당주홍(唐朱紅), 하엽(荷葉), 이청(二靑), 삼청(三菁), 석록(石碌), 삼록(三碌), 동황(同黃), 석자황(石雌黃), 황단(黃丹), 청화(靑化), 청화먹(靑化墨), 3장(張), 편연지(片臙脂) 진분(眞粉), 석간주(石間朱), 뇌록(磊碌), 조뇌록(造磊碌), 번주홍(燔朱紅), 정분(丁粉), 송연(松烟), 아교(阿膠), 명유(明油)

4) 이 밖에 철물, 숯, 벽전, 종이, 황필, 잡물 등이 있으나 생략한다.

제 3 장

문화재 보존의 규범과 방법

3. 문화재보존의 규범과 방법

문화재보존은 〈전통기법에 의한 원형보존을 원칙으로 한다〉 그 규범은 국내법, 문화유산헌장, 유네스코헌장 등에 제시되어 있다. 문화유산은 민족과 지역에 따라 다양하게 창조되었지만 보존방법론에 있어서는 세계 각국이 그 기술과 이론을 공유함으로써 인류문화유산으로 보전·계승하려 하고 있다. 그동안 우리나라에서 문화재를 보수·보전하면서 전통기법을 살리고, 원형을 보존함에 부단한 노력을 하였으나 아직 완전한 단계에 이르지는 못한 상황이다. 문화재보존이론은 문화재의 다양성에 따라 각기 다른 견해를 주장할 수 있을 것이나 각계 전문가가 참가하여 제정한 헌장과 보존이론은 가장 기본적인 지침서가 될 수 있다. 그동안 각계에서 발표한 문화재보존이론을 정리하면 다음과 같다.

1. 문화재보존의 규범

가. 문화재보호법

○ 문화재의 보존·관리 및 활용은 원형유지를 기본원칙으로 한다. (문화재보호법 제2조) 지정문화재의 수리는 문화재청에 등록한 문화재수리기술자·기능자 또는 문화재수리업자로 하여금 수리하게 하여야 한다. (문화재보호법 제18조)

○ 문화재청장은 문화재의 보호·관리·수리 등을 위한 전문인력을 양성할 수 있다.(문화재보호법 제73조)

○ 문화재는 사유재산이라도 공익적인 관념에서 문화재보존에 대한 지정·관리·현상변경·수리 등의 업무는 정부기관이 관장한다.

나. 헌법

문화재보존은 - 개인의 사유재산권도 보장되어야 하는 것이나 국민전체 나아가서는 세계인류의 문화향유권을 위하여 - 대한민국의 헌법 제9조에 다음과 같은 조항을 제공하고 있다. 〈국가는 전통문화의 계승·발전과 민족문화의 창달에 노력하여야 한다〉 우리나라는 문화국가이다. 문화국가라 함은 국가로부터 문화의 자유가 보장되고 국가에 의하여 문화가 공급 – 문화에 대한 국가적 보호·지원·조정 등 – 되어야 하는 국가를 말한다. 이런 헌법 조항을 기초로 하여 문화재보호법이 제정된 것이다. 국민의 사유권 보호에 대한 헌법 제23조의 조항은 다음과 같다. 〈1. 모든 국민의 재산권은 보장된다.(이하 생략) 2. 재산권의 행사는 공공복리에 적합하도록 하여야 한다. 3. 공공필요에 의한 재산권의 수용·사용 또는 제한 및 그에 대한 보상은 법률로써 하되 정당한 보상을 지급하여야 한다〉 문화재 보존과 개인의 사유권 보호에 대한 법적 조항은 이상과 같으나 실제 그 집행에 있어서는 많은 시간과 재원, 소유자의 이행과 양보 등을 필요로 하는 것이다.

다. 역사적 목조건조물보존을 위한 원칙 (1999.ICOMOS 특별국제학술위원회)

○ 보존조치

- 보존의 제일 목적은 그 문화의 역사적 진실성(AUTHENTICITY)과 완전성(INTEGRITY)을 유지하는 것이다. 그리고 어떤 보존조치도 적정한 연구와 평가를 기반으로 해야 한다. 문제점은 심미적·역사적 가치 및 건조물이 있는 토지의 물리적인 완전성에 대한 적절한 존중과 관련조건이나 필요에 따라서 해결해야 한다.

- 계획된 보존조치는 우선적으로 전통적인 수단에 따라야 하며 가능하다면 가역이어야 하고 또는 적어도 장래 보존공사가 필요한 때에는 언제라도 그것을 상하게 하거나 방해하지 않는 것이어야 하고 건조물에 나타나 있는 증거를 후세에 접하는 데 방해가 되어서는 안된다.

- 어떤 일정 조건 때에는 보존을 위해서 전부 또는 부분적인 해체와 조립이 필요하고 그래서 목조건물의 수선이 가능하다는 것을 최소한의 보존조치의 의미로 이해하는 것이 옳다.

○ 보수와 교체

- 역사적 건조물을 수선할 경우에 해체한 목재는 관련한 역사적, 미적가치에 대한 정당한 존중이 필요하며 동시에 부식 또는 파손된 부재 또는 그 부분을 갈아낼 필요성에 대해서 혹은 수리의 요구에 대한 적절한 대응인 경우에 사용하는 것이 가능하다.

신규부재 또는 부재의 부분은 교체되는 부재와 동일품질을 가진 동일수종의 목재로 만든다. 가능하다면 이것은 옹이 등 같은 형태의 자연적 특징이 있는 것을 사용한다. 교체하는 목재의 수분함

유량을 포함한 기타 물리적인 특성은 현존 건조물에 부합되어야 한다.

○ 가공기능 및 건설기술은 마감연장이나 기계를 포함해서 당초 사용했던 것을 사용해야 한다. 못이나 보조재료는 당초재료를 복제해서 사용한다.

○ 부재의 일부분을 교체한 경우에는 혹시 구조적인 문제가 없다면 신재와 현존부재를 접합하기 위해서는 전통적인 이음과 맞춤을 사용한다.

○ 교체된 부재 또는 부재의 부분을 자연적으로 부식 또는 변형된 것처럼 보이게 하기 위하여 인위적으로 부식 또는 변형을 모방하는 것은 바람직하지 않다. 목재의 표면을 트이게 한다던지 악화시키는 것이 아니라는 충분한 검증이 이뤄진 경우에는 신구의 색조 조화를 위하여 적절한 전통적인 혹은 제대로 시험된 근대적 방법을 사용하는 것도 좋다.

○ 구부재 또는 부재의 부분은 후세에 구분될 수 있도록 새김질을 한다던지 불도장을 찍는다던지 또는 다른 방법으로 확실하게 구별할 수 있도록 한다.

○ 역사적 보존림
- 역사적 건조물의 보존과 수선을 위해 적당한 목재를 얻을 수 있도록 산림이나 산림지의 조성과 보호를 장려한다. 역사적 건조물과 유적의 보존에 책임을 맡은 각 기관은 이와 같은 일에 적합한 목재의 축적을 계획하고 또는 마련하는 것을 장려한다.

○ 교육 및 양성
- 교육계획을 통해서 역사적 건조물의 문화적 중요성에 관한 가치를 인식하는 것은 지속성 있는 보존·발전정책의 본질적인 요청이다. 역사적 목조건조물의 보호·보존에 대한 양성계획을 수립하고 발전시켜 나가는 것을 장려한다. 관련 양성은 지속적인 생산과 소비의 필요성을 고려하여 종합적인 시책에 기반을 두어야 하며 지방적, 국내적, 지역적, 국제적 각 레벨로 계획을 해야 한다. 계획은 이러한 일과 관련한 전체로서의 전문가와 업자, 특수건축가, 보존전문가, 기술자 및 토지관리자 등을 망라해야 한다.

이상과 같이 문화유산헌장과 유네스코의 문화재보존이론에 대하여 살펴보았다. 문화재보존은 어떠한 경우라도 원형보존이 기본원칙이며, 기본원칙을 지키기 위해서는 문화재수리를 작업하는 기능자의 기능전수, 전통도구의 사용, 구재의 최대한 재활용 등이 실행되어야 한다.

2. 문화재 보수의 개선

o 설계기능이 컴퓨터화되어 가고 있다. 인적·시간적으로 절약을 위한 것이지만 문화재 설계는 기계화로써는 한계가 있다. 기둥의 귀솟음, 안쏠림, 처마안허리곡선, 지붕기와곡선, 성벽의 기울기 등 일정하지 않은 선을 컴퓨터로 제도하는 것은 본래의 곡선형을 나타내는 데 한계가 있는 것이다.

o 건축의 기본배치가 달라지고 건물이 대형화되고 있다. 복원이나 정비설계는 설계자의 창의나 건축주(사찰, 향교, 서원, 민가 등)의 기호에 따른 것이 아니고 그 문화재의 기본제도(배치, 구조, 양식)에 의해 정해지는 것이다. 근래 건축주는 크고 웅장하게 건축하려 하고 배치는 편의에 따라 옮기려고 한다. 따라서 기존의 배치 양식이 달라지고 주변의 역사적인 환경도 해치게 된다.

o 문화재용 자재의 수급이 원활하지 못하고 있다. 목재의 수급이 부족하여 보충재를 우리나라의 육송 대신 왜송으로 바꾸는 실정이다. 계속해서 왜송으로 대체하여 보수하다 보면 전반적으로 바뀌어져 실내용은 외국의 문화재가 될 우려도 없지 않다.

o 단청안료는 천연암채의 생산 고갈로 내공해성 화학제품으로 바뀌어 가고 있다.

o 석재는 화강암이 주로 사용되고 있으며 국내 생산으로 충당이 가능하나 기존의 문화재가 오랜 세월 풍화되어 자연석과 같은 질감을 나타내고 있는데 마모된 부분을 보충하여 보수할 경우 신재가 들어가게 됨으로 인하여 색감이 기존의 부분과 조화를 이루지 못하는 결과를 초래하게 된다.

o 기와의 크기와 형태 및 중량이 달라졌다. 옛날 기와는 수공으로 제작하여 소박한 질감이 있으나 요즘 KS 제품은 기계로 제작하여 수공품의 소박한 질감을 잃고, 모양은 정각형으로 되어 옛날 사다리꼴의 형태를 벗어났으며, 압축기에 의한 압력으로 밀실해지면서 중량도 더 무거워져 축부에 하중을 가중시키고 있다.

o 문화재수리기능이 변질되고 있다. 문화재수리기능이 도구의 기계화에 따라 인력 작업이 기계화 작업으로 변화되어 가고 있다. 톱질이나 대패질은 전기도구가 사용되고 중량물의 운반은 크레인이 사용됨으로 인하여 옛날 거중기의 사용이 중단되고 그 기능도 사라져 가고 있다. 기능이 잊혀지면 문화재의 보존공법도 변질될 것이며 문화재수리기능자가 해야 할 일도 잃게 될 것이다. 문

화재수리기술자와 동 기능자는 수리현장에서 공사기간과 경영상의 이유에 급급한 나머지 스스로 지켜야 할 본질을 망각해 가고 있는 실정이다.

○ 공사기간을 단축케 함으로써 부실이 우려된다. 공사기간은 현장에서 작업하는 기간만을 산정할 것이 아니라 현황조사, 실측, 자재구입, 제작, 일기(우기·한파), 재난, 자재의 건조 등을 고려해야 한다. 적정한 공사기간을 정하고도 행사일에 맞추기 위해 서두르는 일이 많다. 적정한 공사기간을 어기는 것은 부실의 원인이 된다. 행사에 대비하기 위한 공정이면 사전에 미리 준비하여 진행해야 한다.

○ 문화재 보수는 대부분 설계변경이 따른다. 문화재 보수는 기존의 현상을 조사분석하여 시행하는 것으로 해체조사를 하기 전에는 내부를 알 수 없기 때문에 일어난 현상이다. 해체조사를 먼저 한 후에 복원공사를 하면 설계변경을 하지 않아도 가능할 것이나 이런 방법을 활용하지 않고 있다. 보수공사의 시행제도를 도급에서 직영제도로 전환하면 설계변경을 하지 않고 전공정을 마칠 수 있을 것이다.

○ 수리관리담당자의 인사이동이 빈번하다. 감독원의 상주근무가 되지 않고 빈번한 인사이동으로 관리 감독의 일원화가 되지 않아 공사가 원활하게 진행되지 않고 지침도 달라질 수 있다.

○ 기능자의 등급을 기능정도와 경력에 따라 분류할 필요가 있으며 수리공사의 중요도에 따라 차등 배치토록 한다. 이상과 같은 문제점은 현실적으로 그 해결방안이 어려운 실정이나 이대로 계속 된다면 진정한 의미의 문화재 보존에 기대를 할 수 없을 것이다.

3. 문화재 수리방법

가. 원 부재에 같은 재료의 보강방법

○ 목재나 석재의 파손이 심한 경우 파손부분을 제거하고 원 부재와 같은 재질의 신부재로 이음. 접착하여 제거된 부분과 같은 강도이상의 효력을 유지할 수 있게 하는 공법이다.

○ 부식·마모된 부분에 수지처리를 하는 공법과 유사한 것이나 수지처리보다 근본적으로 구조보강을 하는 것으로 구조역학계산에 의하여 소요내구력이 확증되어야 한다.

○ 실 례 : 보머리가 절단되어 해체보수를 하면서 구조안정상 재사용이 불가능한 경우, 절단된

부분에 스테인리스봉을 구조재로 끼어 넣고 수지처리를 하여 결속된 부분을 마감하는 공법(순천 송광사 침계루 대량의 보수)

나. 절단된 두 개의 부재를 보강하는 방법

○ 기둥이나 장대석이 절단되어 구조적으로 불안정한 경우에 두 부재를 한 개의 부재와 같이 강도를 낼 수 있게 하는 방법이다. 두개의 기둥을 연결할 때 기둥과 기둥사이는 장부촉이음, 나비장이음 등으로 긴결하고 긴결하는 부위에 띠철을 감아 이완을 방지하는 공법이다. 장대석이 절단된 경우 돌과 돌 사이에 은장(납 또는 철재)을 끼어 두 개의 부재를 접착하는 공법이다.

○ 실 례 : 두개 또는 세 개로 연결된 기둥은 고재 중에서 선별하여 두 개로연결하여 한 개의 기둥로 합성하는 방법(보은 법주사 대웅전 고주의 보수)

다. 구조적으로 불안정한 건조물의 보강방법

○ 건조물이 창건 또는 중건 당시에 부재의 규격미달, 기둥의 침하와 짧아짐 등으로 처마가 처지거나 건물이 어느 한 쪽으로 기울어 불안정한 상태이거나 결함이 진행되는 경우 원상태를 유지하게 하기 위하여 다른 부재를 첨가하여 보강하는 방법으로 규격미달인 기둥에 주선의 설치, 보 밑에 철골트러스를 추가, 처마에 활주를 받치는 등의 공법이다.

○ 실례 : 천장으로 보이지 않는 장소의 대량 밑에 철골트러스를 설치하고, 기둥의 단면이 구조안정상 미달되어 기둥외부에 각목을 덧대어 기둥단면을 크게 하였으며 층층이 겹친 공포부재가 좌우로 이완되는 것을 방지하기 위하여 공포의 양측면에 철띠를 덧대어 좌굴을 방지하도록 하였다. (일본 나라시 동대사 대불전 보수)

라. 지진·폭설·강풍·화재 등에 의한 훼손방지

○ 우리나라 문화재보존관리사상 지진, 진동 등의 영향에 대하여는 크게 염려하지 않은 경향이나 1980년대 홍성 홍주성의 지진피해로 인하여 성벽이 붕괴되는 현상이 있었으며, 도심소재 건조물의 차량소통시의 진동에 대한 영향에 대하여 주의를 기울여야 할 상황에 도달했다.

o 지진·진동 등의 영향에 대하여 지진 및 진동전문기관(기상청, 진동측정전문가)에 의뢰하여 영향을 분석·검토하고 피해예방대비책을 강구토록 한다.

o 지진 및 진동의 영향에 대하여 대국민홍보게시를 하여 시민의 이해와 협조를 구하도록 한다.

o 폭설·강풍·화재 등 예기치 못한 재난에 대비하여야 한다. 우리나라는 자연재해로부터 비교적 안전한 지역으로 인식되어 왔으나 문화재의 보수·보존에 직접적인 경영과 동시에 자연적인 기후의 변화와 인위적인 실화 등에 대한 시설의 보완과 사전 예방에 보다 더 적극적인 대비가 필요하다. 특히 산불이 빈번하게 발생되는 상황에서 산림이 울창항 사찰이나 왕릉 등의 주변에는 화소(火巢)라고 하는 방화구역을 정하여 화인(火因)을 없애야 할 것이다.

제 4 장

목조전통건축의 변천과 구조

4. 목조전통건축의 변천과 구조

1. 도리집

도리집은 주두나 공포재를 쓰지 않고 기둥·도리·보 세 가지 부재로만 지붕구조를 형성한 건물이다. 보를 받치는 보아지나 장여와 상인방 사이에 소로를 끼우는 정도로 간단한 장식을 하는 건물도 있다. 민가나 권위건축의 부속건물에서 사용된 간단한 양식이다. 방형으로 된 도리를 납도리라 하고 원형으로 된 것을 굴도리라고 한다. 도리집의 기둥상부의 맞춤은 기둥에 사개(화통가지 또는 사파수)를 따고 보와 맞춘다. 단청이나 흰 회벽을 하지 않고 토벽이나 재사벽으로 마감하여 보통 백골집으로 한다.

2. 주심포집

포집이란 공포를 갖춘 건축형식으로 주심포와 다포로 대별된다. 공포의 발생은 화려한 장식성을 내포함과 동시에 출목을 구성하여 처마를 길게 내밀게 하고 공포부재를 겹겹으로 쌓아올려 기둥높이를 높게 하는 구조적인 공법에서 출현된 것이다. 목조건물에 주된 것이나 석조건물(인도 건축)에도 목조와 같이 공포구조를 한 것이 있다.

주심포양식이란 기둥 위에만 공포를 배치하는 것으로 삼국시대로부터 고려말 조선초기까지 이어오다가 조선중기 이후에는 다포양식의 건물이 성행하게 되었다.

주심포건축양식의 특징은 기둥 위의 주두와 첨차 위의 소로는 곡면으로 되고 굽받침이 없는 것과 있는 것으로 대별되는데 없는 쪽이 더 고식이다. 출목은 내외 일출목이며 소첨차와 대첨차로 구성된다. 첨차의 양단부는 직절되고 쌍S자형으로 조각된다. 보는 항아리 형태로 유연하고 대공은 포대공을 갖추며 천장반자를 설치하지 않는 연등이다. 기둥은 배흘림으로 되어 있다.

우리나라 목조건물 가운데 가장 오래된 것은 안동 봉정사 극락전이다.

일제강점기에는 영주부석사 무량수전을 최고(最古)의 건물이라고 했으나 1969년 극락전 해체수리시에 "지정 23년에 지붕을 수리했다(...前中創至正二十三年癸卯三月改蓋重修大木宏介)"는 묵서명이 발견되어 극락전은 무량수전보다 앞선 건물로 판명되었다. 지정 23년은 1363년(고려 공민왕 12년)이다. 이의 근거로는 부석사 조사당의 건립 연대가 1377년(홍무 10년 : 고려 우왕 3년)이며 무량수전은 조사당보다 100년 내지 150년 앞선 건물로 보면 무량수전은 1277년대가 되며 극락전은 수리 연대보다 창건 연대가 100년 내지 150년 앞선 것으로 보아 1263년으로 추정이 가능하며 건축양식에 있어서도 무량수전은 주두에 장식적인 굽주두가 있으나 극락전은 굽이 없이 원초적인 형태를 갖고 있다는 점에서 양식상으로 보아도 더 고식이란 것을 알 수 있다고 하는 것이다. 고려시대의 건물은 앞에 설명한 바와 같이 봉정사극락전, 부석사무량수전과 조사당, 수덕사대웅전, 강릉 객사문 등이 있다.

주심포양식에 대하여 요약하면 다음과 같다.

〔도6〕 안악2호무덤(5~6세기, 황해남도, 안악군)

〔도7〕 쌍영총(쌍기둥무덤) 내부투시도(5세기, 평안남도 용강읍)

ㅇ 공포는 기둥 위에만 배치된다.

ㅇ 외출목은 일출목이고 내출목은 없다.

ㅇ 주두와 소로는 오목굽 또는 굽받침이 있는 것과 없는 것이 있다.

ㅇ 첨차의 마구리는 직절 또는 사절하고 그 하단은 연판두식(쌍S자 곡선)으로 조각하였다.

ㅇ 도리 밑에는 장여, 단장여, 행공 등으로 받쳤다.

ㅇ 기둥에 헛첨차를 두는 경우가 있다.

ㅇ 세로와 가로로 대소첨차를 직교시키거나 첨차와 쇠서로 교차시킨다.

ㅇ 보머리는 삼분두와 초각한 것이 있다.

[도8] 봉정사 극락전 공포

○ 출목과 출목 사이에 순각판은 쓰지 않았다.

○ 지붕 가구는 우미량이나 포중방으로 도리 밑의 가구를 연결하여 받치고 있다.

○ 포대공 포동자주와 복화반이 사용되었다.

○ 솟을합장으로 마루도리나 중도리의 변형을 방지하였다.

○ 보머리 초방머리에는 연판두식(쌍S자형)의 쇠시리를 하고 쇠서의 끝은 특수한 곡선형이다.

○ 평방은 없이 창방만으로 기둥머리를 연결한다.

○ 기둥은 배흘림이 있다.

○ 보의 단면은 항아리보로 된 것이 있다.

○ 천장은 연등천장으로 반자를 설치하지 않는다.

- 인도 아멜성 궁전의 공포

인도 자이푸르 성에 있는 아멜성 궁전은 석조건물로 지붕의 처마를 길게 내밀게 하는데 종으로 기둥머리에서 제공형태의 부재를 겹겹이 쌓아올리고, 횡으로는 석재보의 양끝에 점차와 같은 석재부재로 받친 형식으로 되어있다. 마치 동양의 목조건축 보의 양쪽에 점차와 같은 석재부재로 받친 형식으로 되어있으며, 구성하는 것도 같은

[도9] 인도 자이푸르 아멜성 궁전공포사진 (16세기)

공법이다. 이 건물은 기둥 위에만 공포형식을 갖춘 것으로 우리나라의 주심포계와 유사한 것이다. 일제강점기에 우리나라의 건축을 천축(인도)양식이라고 표현한 적이 있는데 여기에서 연유된 것으로 생각된다. (조선건축사론, 1930. 藤島亥郎治)

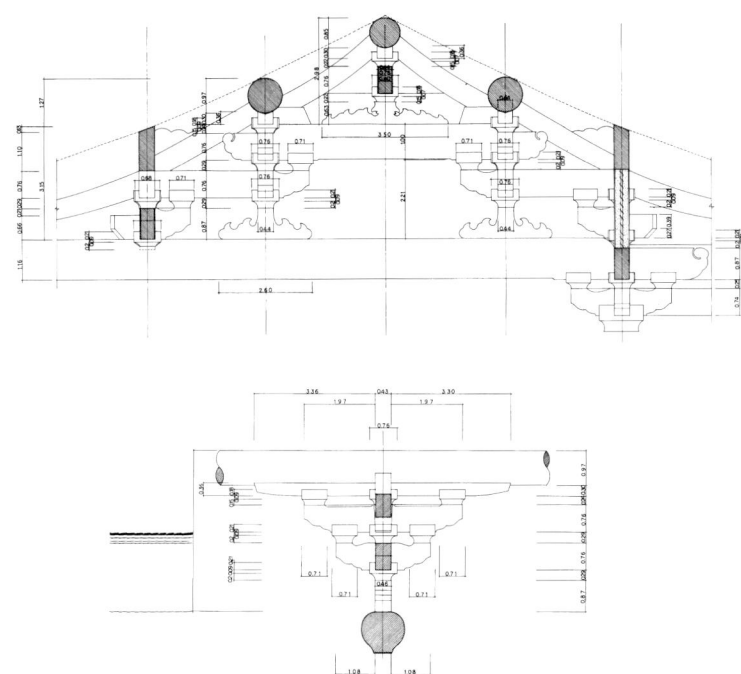

〔도10〕 주심포집 공포도(안동 봉정사 극락전)

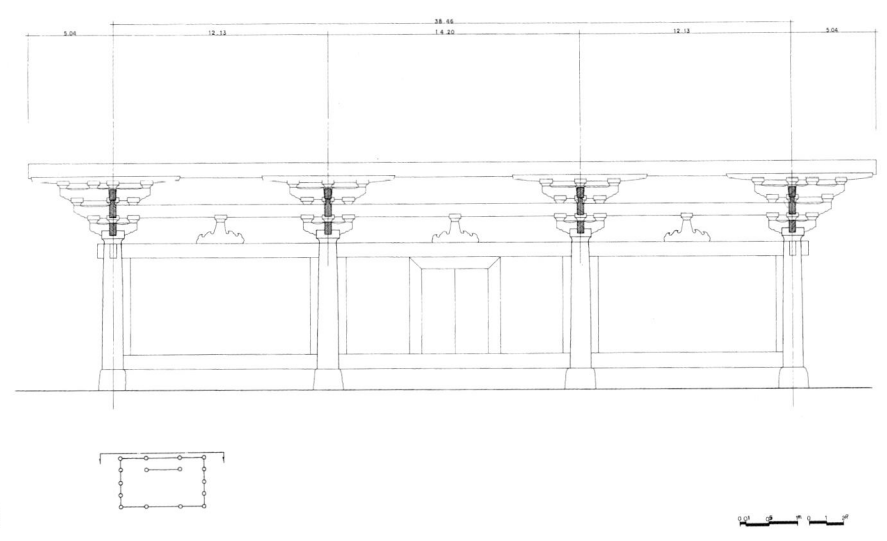

〔도11〕 주심포집 입면도(안동 봉정사 극락전)

3. 다포집

조선시대의 건물은 임진왜란으로 대부분 멸실되고 중기 이후의 건물이 많이 남아 있다. 전기 건물로는 서울 숭례문(조선 세종 30년 : 1448년), 나주향교 대성전(조선중기), 서산 개심사 대웅전(조선 성종 15년 : 1484년), 안동 봉정사 대웅전(조선 초기), 창녕 관룡사 약사전(조선 초기), 보은 법주사 팔상전(조선 인조 2년 : 1626년), 구례 화엄사 대웅전(조선 인조)·각황전(조선 숙종 23년 : 1703년), 부여 무량사 극락전(조선 중기) 등 다수가 있는데 중기 이후 궁전이나 사원의 주된 건물은 대부분 다포양식으로 건립하였다. 경복궁의 근정전, 창덕궁의 인정전 등 궁궐의 정전과 각 사원의 대웅전과 같은 법당 등 주된 건물은 대부분 다포집으로 조선시대에 성행했던 건축양식이다. 다포계 양식은 기둥과 기둥 사이에 공포를 배치하여 주심공포와 주간공포가 나열된 것이다. 이 양식은 처마도리와 출목도리를 보강하고 처마끝을 밖으로 더 내밀게 한다. 처마 쪽 지붕의 하중을 등분포시켜 평방에 전달하며 기둥사이에 단순히 화반 등으로 수식되는 주심포와 익공계의 허전함을 보충하여 화려한 외관을 갖추려는데 큰 의미가 있다. 다포양식은 중국의 송대 이후 금·원에서 성행했던 건축술이 도입되면서 초기에는 주심포와 절충식으로 사용되기도 하였다. 재북(황해도 황주)의 심원사 보광전의 측면공포는 주심과 관계없이 배열된 예이다. 다포양식에 대하여 요약하면 다음과 같다.

〔도12〕 공포 조립 모습(법주사 대웅보전, 2004)

- ○ 기둥과 기둥 사이에 공간포를 배치하였다.
- ○ 기둥은 민흘림으로 한다.
- ○ 기둥머리에는 창방을 끼우고 창방 위에 평방을 놓고 평방 위에 주두를 올렸다.
- ○ 주두 위에 소첨차와 초제공(살미)이 직교하고 소첨차 위에 대첨차와 2제공이 다시 직교한다. 제2제공의 끝단에 소로가 놓이고 이 소로 위에 다시 소첨차가 올려지고 대첨차가 그 위에 놓여 제3제공과 직교한다. 소첨차와 대첨차가 수직으로 놓이고 첨차와 제공이 직교하는 것을 반복하여 공포를 구성한다. 첨차는 건물의 안팎으로 출목을 형성하면서 상부로 높이를 추켜올리고 제공은 첨차와 직교하면서 안팎으로 출목을 형성하여 처마내밀기를 더해 간다.
- ○ 소첨차와 대첨차로 구성되고 제공이 직교하는 형태로 단순과정을 반복하는데 불과하다.
- ○ 처마의 끝에는 소첨차가 처마도리장여를 받치고 있는데 이를 행공첨차라고 한다.
- ○ 제공은 건물의 외부쪽에서 살미를 만들고 내부쪽은 교두형 또는 운공형태로 장식을 가미한다.

○ 처마굴도리장여를 받치는 부재는 봉두 용두 또는 당초문양 등을 초각하여 장식한다.

○ 큰보는 내부는 고주 위의 주두에 얹히고 처마 쪽은 평주위의 주심공포 최상부에 올려지거나 보머리가 바로 처마도리를 받치기도 한다.

○ 건물 중간에서 대들보에는 동자주를 세우고 주두를 올려 중종보를 받친다.

○ 종단의 주칸의 폭이 넓을 때는 처마도리, 주심도리, 용마루도리와 내목도리수개소를 올린다. 도리를 올릴 때 주심도리는 구조안전상 불필요한 경우 생략되는 수도 있다.

○ 공포 위에는 반자를 설치하여 천장속이 들여다보이지 않게 한다. 첨차와 첨차의 사이에는 순각판을 끼어 상부가 보이지 않게 하는데 순각판은 고정하지 않는다.

○ 제공은 초기에는 살미가 짧고 둔탁하였으며 제공 몸에서 나온 살미는 제공의 하단부보다 낮고 처지게 하였으나 후기로 내려오면서는 살미가 제공 하단부와 같은 높이로 마감된다. 초기에는 살미에 장식적인 요소가 없었으나 후기에는 살미 끝부분이 예리해지고 살미의 위쪽에는 연화 또는 연봉을 초각하여 매우 복잡해진다. 더욱 말기로 내려오면 살미의 하부에도 초각을 하여 더 이상의 어떤 수식을 할 수 없을 만큼 잡다하게 변화된다.

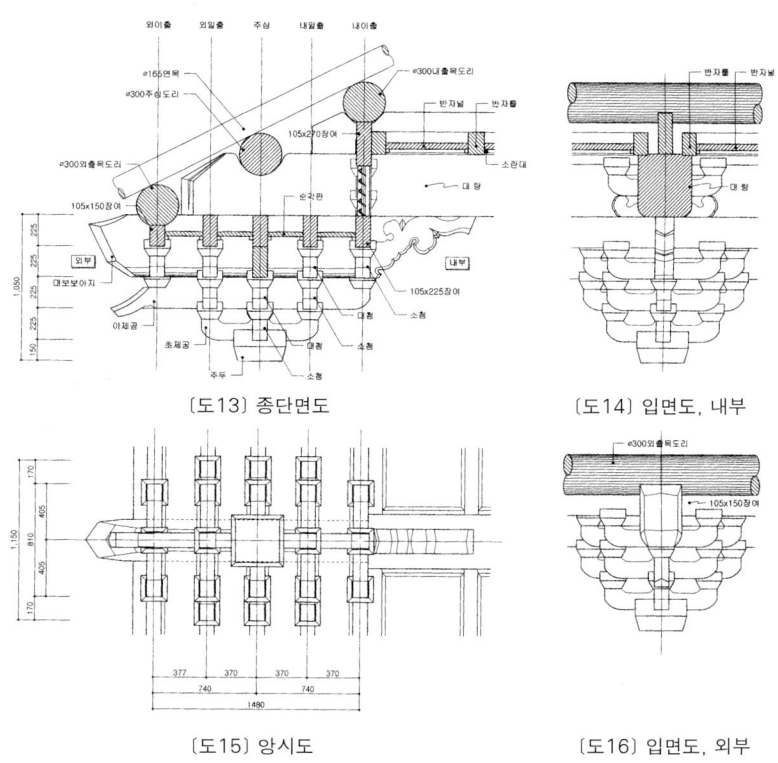

〔도13〕 종단면도   〔도14〕 입면도, 내부

〔도15〕 앙시도   〔도16〕 입면도, 외부

다포집 공포도(안동 봉정사 대웅전)

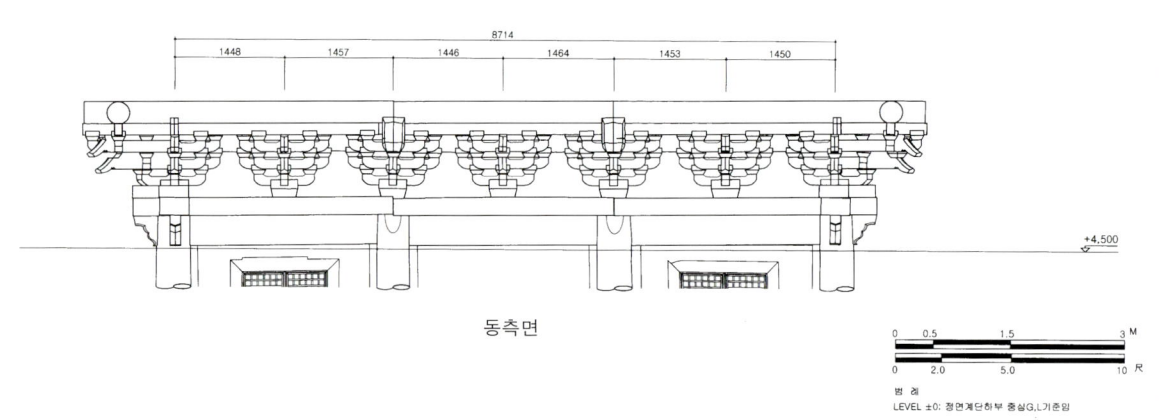

동측면

4. 하앙공포(下昻栱包)

하앙이란 공포재와 함께 짜서 많이 내민 출목도리를 받칠 수 있게 서까래 방향과 같은 경사로 설치한 부재이다. 하앙은 출목도리의 높이나 위치를 자유롭게 잡을 수 있고 지렛대 모양으로 경사지게 걸어 공포재와 같이 짠다. 초기에는 주심에만 걸었던 것인데 후에는 다포식과 같이 주간에도 설치하였다. 우리나라에 하앙공포로 된 건물은 완주 화암사 극락전으로 단 하나뿐이다. 하앙에 대한 고증자료로는 백제 청동제 소탑(국립부여박물관 소장), 신라 청동불감(서울 간송미술관 소장), 고려청동다층소탑(국립중앙박물관 소장) 등에서 그 유례를 찾아볼 수 있다. 중국이나 일본에는 하앙구조의 건물이 많이 남아 있다.

완주 화암사 극락전은 1714년(조선 숙종 40년)에 수리한 단청기문으로 보아 조선후기의 건물로

〔도18〕 완주 화암사 극락전(조선 숙종 1714년)

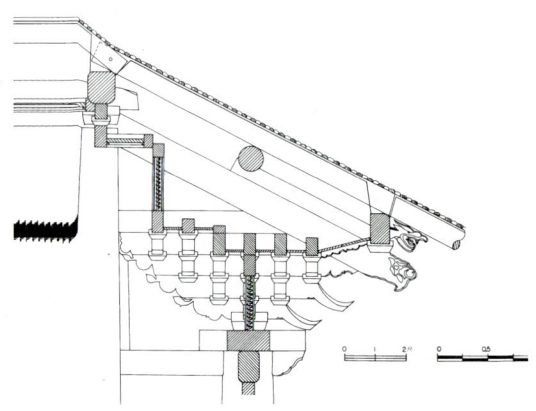

〔도19〕 완주 화암사 극락전 공포단면도

극락전의 하앙구조는 다포양식의 공포에 짰는데 행공첨차 위에 놓인 장여에 하앙의 하부를 따서 맞추고 하앙뿌리는 고주의 주두 위에 조립되었다. 하앙부재의 윗면에는 소로를 얹고 소로 위에 도리를 얹었다. 도리부재의 단면은 전면은 납도리이고 배면은 굴도리로 되어 있다. 하앙뿌리는 고주의 부분은 주심공포의 상부가 되는데 이곳에 주심도리를 얹었다. 도리 위에 연목을 얹어 지붕을 구성하는 것은 다른 건물들과 같은 수법이다. 전면의 하앙머리는 조각으로 장식하였고 배면의 하앙머리는 끝부분을 경사지게 깎았다.

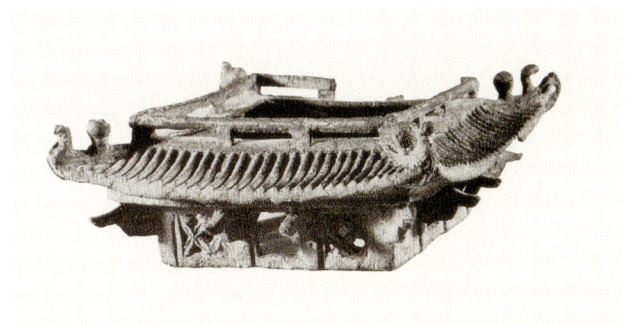

〔도20〕 청동소탑(백제시대 추정, 하앙형식)

〔도21〕 일본 법륭사 금당 하앙공포(7세기)

〔도22〕 응현목탑(중국 산서성, 1056)

〔도23〕 응현목탑 하앙공포

5. 익공집

익공계의 공포는 주심포와 유사한 점이 많으나 세부수법과 가구법에는 차이가 많다. 익공은 기둥 위에서 창방·주두·보아지와 같이 짜지며 전면은 혀의 모양이나 당초문양을 조각하고, 배면은 연판두식(쌍S자형) 또는 운궁형태로 초각하여 보를 받치고 있다. 익공공포는 주심포와 비슷한 부분이 있어 그 구분이 애매한 점이 있으나 차이점은 다음과 같다.

○ 익공계의 구조는 간단명료하며 지붕가구는 동자주나 대공으로 꾸민다. 익공양식의 건물은 조선후기 건물에 출현되며 격식이 낮은 건물이나 소형건물에 주로 사용되었다.

○ 익공계에도 여러 가지 형식이 있는데 초익공·이익공·삼익공·무출목익공·출목익공·쇠서익공·초각익공·물익공 등으로 구분된다.

○ 기둥은 민흘림이다.

○ 이익공·출목익공의 구조는 다음과 같다. 기둥 윗부분은 창방·주두·초익공쇠서가 결구되고 주두 위에는 주심첨차(두공)가 초익공쇠서와 직교하며 초익공첨차의 바깥쪽에 일출목첨차가 이익공쇠서와 직각으로 결구된다. 이익공첨차 위에는 재주두가 놓이고 다시 그 위에 보머리가 주심 및 출목장여와 직교하여 구성된다. 장여 위에는 주심도리와 출목도리가 얹히고 그 위에 연목이 설치된다. 연목 위의 지붕구성은 다른 건물과 비슷하다. 익공과 익공 사이에는 화반으로 끼워 장식하고 장여의 처짐을 방지토록 한다.

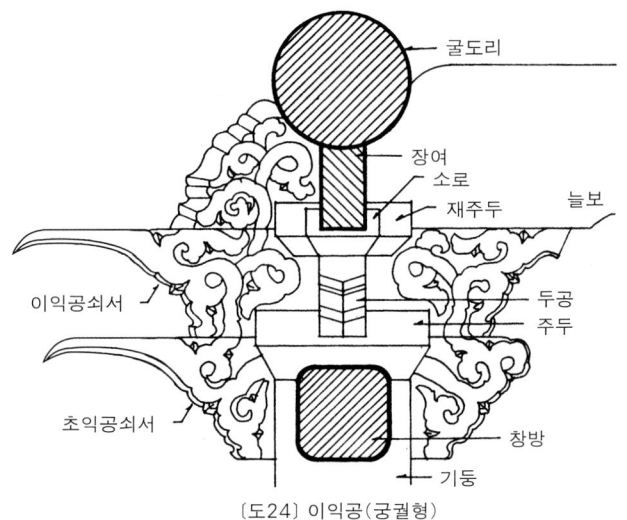

〔도24〕 이익공(궁궐형)

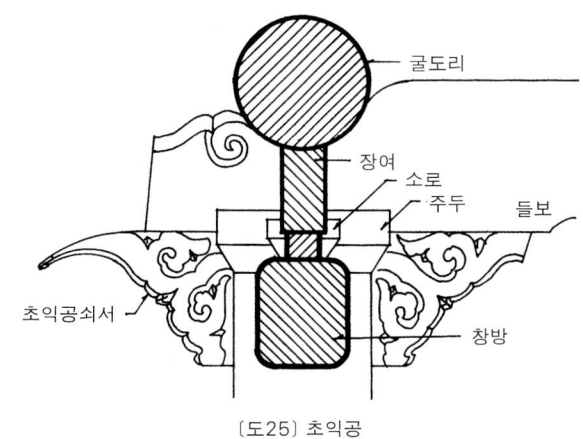

〔도25〕 초익공

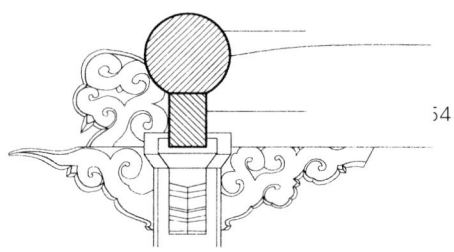

〔도26〕 익공(상류 민가형)

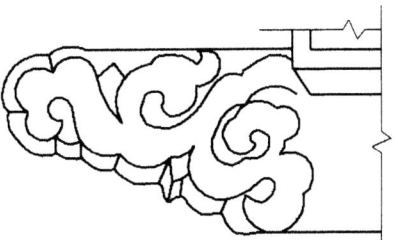

〔도27〕 물익공(궁궐 사원 민가)

익공의 형식

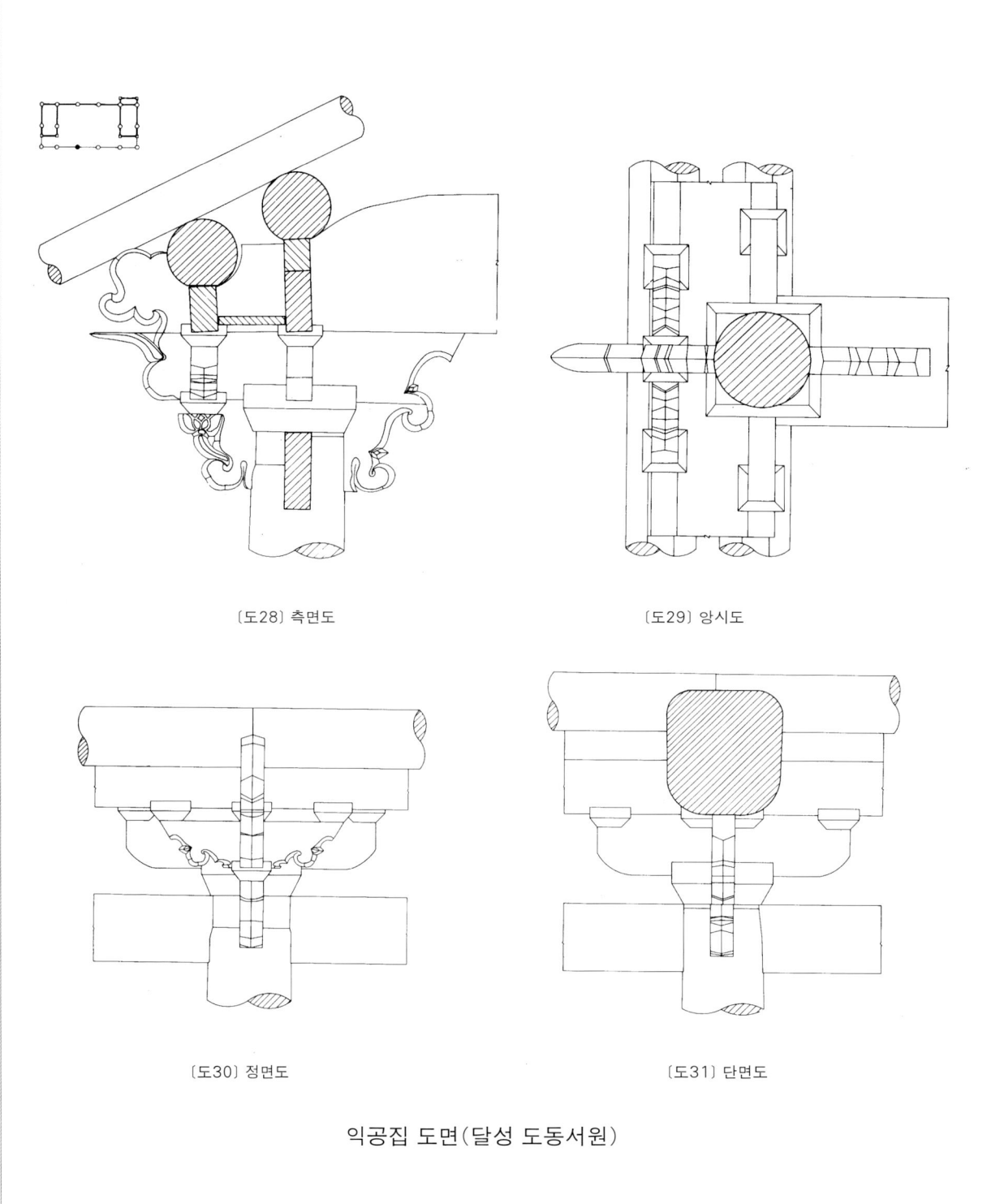

[도28] 측면도

[도29] 앙시도

[도30] 정면도

[도31] 단면도

익공집 도면(달성 도동서원)

제 5 장
전통건축의 시공

5. 전통건축의 시공

1. 기초부

가. 기초

문화재건축(건물·성벽·탑 등)에서 기초는 오랜 세월에 다져져 있어 해체 재시공하지 않고 옛 기초를 그대로 사용하는 것이 일반적이다. 기초가 교란되어 재시공이 필요한 경우라도 기초판은 전부 해체하지 않고 사전에 지내력을 시험하여 확인 과정을 거쳐야 한다.

〔도32〕 경복궁 소주방지(적심석 발굴조사 상태, 2004)

1) 독립기초

○ 주초석 밑에 적심석을 설치하고 기둥을 세우는 독립된 형태의 기초를 독립기초라고 한다.

○ 건물을 신축할 경우 : 권위건축이나 본당건물과 같은 규모가 있는 건물의 독립기초는 흙을 원지반이 나올 때까지 일정한 깊이로 파내고 잡석다짐 또는 강회잡석 다짐을 한 위에 적심석을 설치한다. 기초는 안전성확보를 위해 지내력시험을 하여 설치한다.

○ 기존의 건물을 보수할 경우 : 기존의 건물을 해체보수하거나 건물터에 복원할 경우 기존의 기초를 전부 파내고 새롭게 기초를 하는 것은 우선 기존의 기초구조의 안전성을 검토하여 재설치가 불가피한 경우에 시행하고, 안전성이 확보된 경우에는 원래의 기초를 그대로 재활용하여 주초석을 설치한다. 기존의 기초는 이미 오랜 기간 다져지고 변화가 없기 때문에 재활용이 가능하다. 재설치할 경우 단기간의 공사로 오히려 잘 다져지지 않은 상태에서 기둥을 세우거나 삽우구조를 축조하게 되므로 기초가 약화될 우려가 있다.

2) 판축기초

o 판축은 연약지반을 개량하는 방법으로 건물의 기단 하부전체를 파내고 잡석층(두께 15cm)과 백토층(두께 5cm)을 교대로 하여 적심석 밑부분까지 채워 넣는 공법이다.

o 탑은 기초를 하지 않고 자연암반 위에 직접 탑을 세우는 경우도 있고, 지반 위에 세울 때는 판축공법으로 기초를 한 위에 지대를 설치하고 탑신을 세운다.

3) 장대석 지정

o 성문루와 같은 높은 대를 설치하는 경우에는 장대석을 우물정자형으로 짜 올린 위에 지대석을 놓고 그 위에 주초석을 설치하는 공법이다.

4) 말뚝지정

o 개울 또는 습지와 같은 연약지반에 건조물을 축조할 경우 나무말뚝을 박아 기초지반을 강화하는 공법으로 근래의 파일공법과 같은 것이다. 이 때 말뚝은 지하상수면에 있으므로 항상 습윤 상태에 있어 나무가 부식되지 않은 장점을 이용한 것이다. 서울 동대문(흥인지문)은 습지의 연약지반이기 때문에 건물의 하부에 나무말뚝을 박고 건물을 세웠다고 하며 아직 그 실체는 밝혀지지 않았으나 옹성 밑에 4m 정도의 깊이까지 화강암장대석축이 축조되어 있고 그 하부는 나무말뚝이 박혀 있을 것으로 추정하고 있다.

5) 횡목지정

o 횡목지정은 개천가의 축대기초에 사용된 것으로 횡목을 하상 밑에 2열로 받치고 그 위에 축대를 설치하며 항상 상수면 밑에 횡목이 있게 되므로 부식되지 않은 장점이 있다.

나. 기단(基壇)

기단은 건물의 주초석 외곽으로 둘러 기초를 보호하기 위한 구조물로 건물의 외곽통로역할을 겸한다. 기초 위에 주초석을 설치하고 그 밖에 보호시설을 하지 않을 경우 기초가 물려나와 약화되는 것을 방지하고, 건물의 외곽을 돌 수 있는 통로 공간이 된다. 또한 기단은 건물을 높게 하는 방법으로 기단의 높이에 따라 건물의 미적 장엄을 표현하는 기능도 있다. 기단은 건물의 처마보다 안쪽에 설치되어 낙수물이 기단 위에 떨어지지 않도록 한다. 기단은 주초석보다 낮게 설치해야 한다. 어떤 건물의 경우 기단이 주초석이나 하방 고맥이 보다 높아져 빗물이 초석이나 고맥이 쪽으로 흘러 기둥 밑둥이 부식되고 고맥이가 습해져 있는 상태로 되어 있다. 기단은 주초석 에서 바깥쪽으로 약간의 경사를 두어 빗물이 기단 밖으로 흘러 내리 도록 해야 한다. 기단석은 전돌이나 박석을 깔지 않은 경우 평면상 양쪽 면이 일직선으로 바르게 하지 않고 돌산에서 인력으로 켜낸 상태로 하여 외측 한 면은 직선으로 하고 안쪽은 곡선으로 울퉁불퉁하게 한다. 양측을 평행하게 할 경우 외관상으로 딱딱하고 돌이 물러나는 현상이 된다. 돌의 크기는 자중으로 지탱되어 이완되지 않을 정도로 큰 것을 사용한다. 기단의 사면에 설치한 돌은 ㄱ자형으로 만들어 무게를 더하게 하고 접속 상태도 견고하게 한다.

　기단석축의 뒷채움은 시멘트 몰탈이나 콘크리트로 하지 않고 잡석을 채워 넣는다. 시멘트 제품은 백화의 원인이 되고 알칼리성으로 인하여 돌의 풍화속도를 더하게 한다.

1) 토축기단

○ 민가에서 토축을 하는 것은 화강암을 지대석으로 사용하지 않은 경우 진흙을 이겨 마당보다 약간 높게 바르는 것으로 가장 기초적인 기단의 축조방법이다. 고대에는 민가에서 숙석(가공)한 돌을 사용하지 못하도록 하였으며 단청도 금지되었다.(전록통고 조선 숙종 32년, 1706) (공전(工典) 잡령(雜令)에 毋得用熟石 花栱 草栱이라고 하였는데 즉 서인(庶人)은 숙석(熟石:잘 다듬은 돌) 화공(花栱:기둥머리의 장식), 초공(草栱:기둥머리의 장식)은 사용할 수 없다 라는 뜻이다)

○ 토축기단은 1950년대까지도 그 유례가 민가(초가)에 남아 있었으나 이후 생활의 불편과 매년 해빙기에 보수해야 하는 내구성 때문에 화강암 장대석이나 자연석으로 개선되었다.

2) 성토기단(축대기단)

○ 성토기단은 토축기단에 1단의 지대석을 둘러 친 것과 2~3단의 축대를 쌓는 것으로 화강암장대석을 쌓는 방법과 자연석축을 쌓는 방법이 있다.

○ 석축 안쪽에는 흙이나 잡석을 깔고 다짐하여 우수에 견딜 수 있도록 견실하게 한다.

○ 권위건축(궁전건물, 삼국 · 고려시대의 사원 건물, 향교의 본당건물 등)에서는 화강암장대석의 바른층쌓기가 주로 사용되었고 민가나 사원의 부속건물에는 자연석의 난층쌓기가 축조되었다.

○ 조선시대에는 사원의 본당건물에도 자연석의 난층쌓기가 주로 사용되었으나 근래 사원의 건물 신축시 과거의 전통방법은 무시되고 대부분 화강암장대석의 바른층쌓기가 성행되어 기존의 건축 질서가 변화되고 있다.

3) 자연석기단

○ 자연석은 산이나 밭 등에 있는 부정형의 돌과 개울에서 장방형의 둥근형태로 닳아 생긴 돌이 있다. 건물의 기단이나 담장 등에 사용했던 돌은 대부분 산돌이었다. 산사나 물가에 지은 돌담(순수하게 돌만으로 쌓은 담) 가운데 강돌을 사용한 경우가 있으나 이는 개울가에서 강돌의 채집이 용이했던 것으로 사용처는 극히 제한되었다. 강돌은 물에 닳아 매끄러워 소요 크기대로 파쇄하여 사용하는 데 어려우며 돌과 돌이 잘 접착되지 않는다. 산돌은 모가 있어 흙과의 접착이 잘되고 크기를 임의로 만들어 사용하기 쉬웠다.

○ 돌쌓기의 축조방식은 지면에는 지대석을 놓아 지반과 건물을 분리하고, 기단축대를 지대가 받치는 기초역할을 하였다. 지대석은 건물기단뿐만 아니라 성벽이나 탑 등 모든 구조물에서 사용되었다.

○ 기단돌은 하단에 길고 두꺼운 큰 돌을 사용하고 기단상부로 올라가면서는 점차 작은 돌로 체감을 두어 쌓았다.

○ 돌은 세워 쌓지 않고 옆으로 길고 수평지게 쌓는 이른바 평축쌓기의 방법을 하였다. 마름모형으로 쌓는 경우가 있으나 흔하지 않다.

○ 층은 각단을 수평으로 쌓지 않고 각층이 어긋나며 벽돌이나 블럭을 쌓듯이 일매 지지 않게 쌓는다. 이는 돌이 벽돌이 블럭처럼 균일한 크기와 형태가 아니며 자연상태에서 채집하거나 인력으로 깨서 사용하기 때문에 현대건축에서 시공하는 것과 같이 바른층이 될 수 없다. 이런 방식을 난층쌓기라고 한다.

○ 기단은 앞쪽에서 보면 층이 얇아 약하게 보이나 뒤뿌리를 길게 하기 때문에 상당히 견고하다. 면석은 일률적으로 같은 길이로 하지 않고 군데군데 심석(뒤뿌리가 긴 돌)을 설치하여 상하좌우로 눌러 견고하게 하였다.(근래에는 뒷채움을 콘크리트로 하여 심석이 설치되지 않은 경우가 있다)

○ 축대의 단면은 물려쌓기로 한다. 우리나라의 돌쌓기방법은 돌의 앞면을 일직선으로 맞대어 쌓지 않고 모든 돌은 하부에서 상부로 올라가면서 들여쌓기로 한다. 지대석을 놓은 다음 축단의 맨 첫 단은 지대석보다 2~3치 정도 들여쌓고, 둘째 단은 첫 단에서 다시 2분 내지 크게는 2치 정도로 들여쌓는다. 돌은 수직으로 된 경우와 약간(1분 정도) 경사지어 쌓는 경우가 있는데 수직으로 쌓은 것처럼 보인다. 하부부터 상부로 올라가면서 약간씩 들여쌓아 지대석에서 축대의 상단까지는 일정비율로 경사지게 쌓여있다. 수직인 것처럼 보이나 정밀 실측해보면 모두가 들여쌓기가 되어 있는데

이를 성규형(成圭形)쌓기라고 한다. 일본의 축대는 상부돌과 하부돌이 맞대어 쌓이고 돌의 면이 경사지게 되어 있다. 따라서 일본의 성벽이나 축대는 활처럼 휘어지게 보인다(예 : 오사카성 등 대부분의 일본성에서 볼 수 있음). 중국의 석축은 우리나라의 석축과 같은 쌓는 방식이다.

○ 기단 상부의 마감은 면석보다 약간 큰 돌을 올려 마감하는데 별도의 장대를 올리는 경우가 있다. 이 때 면석과 갑석이 맞닿은 부분에는 그레질을 하여 돌이 들뜨지 않고 서로 물리게 하였다.

○ 기단석을 쌓을 때 돌과 돌 사이에는 잔돌을 받쳐 돌이 움직이지 않게 한다.(근래에는 이런 공법을 무시하여 잔돌을 넣지 않거나 돌의 형태가 견치석 내지는 방형으로 옛 공법과는 다른 형태의 기단으로 변형되는 경우가 적지 않다)

○ 돌의 표면은 자연석일 경우 면을 가공하지 않고 파취한 상태대로 하되 면이 고르게 편편한 면을 면석으로 사용한다.

○ 돌의 재질은 지역에 따라 그 지역에서 생산되는 돌로 화강암, 편마암 등이 사용되고 제주에서는 화산암이나 현무암이 사용된다.(근래는 자연보호측면에서 돌의 채취가 제한되어 재질이 다른 외지의 돌을 사용하기도 하나 이는 문화재차원에서 좋은 현상은 아니며, 특히 민가에서 자연석기단을 제거하고 간사석과 같은 방형의 돌로 바꾼 것은 잘못된 것이다)

○ 석축 뒤에는 적심석을 채워 기단을 견고하게 하고 습기가 배출되는 효과도 있게 하였다. (콘크리트를 채우는 것은 습기배출을 막고 백화현상을 일으킨다)

○ 민가에는 부엌에서 나오는 연기를 배출하는 연구(煙口)를 기단에 설치하기도 한다(아산 외암마을 건재고택, 경주 양동마을 관가정 등).

○ 기단이 높은 경우 층계를 둔다. 가공석기단에는 가공석 계단을, 자연석기단에는 자연석계단으로 해야 하는데 근래 자연석을 장대석으로 변형해 놓은 경우가 있다.

〈완주 화암사 극락전 기단 : 기단 면석을 자연스럽게 축조하였으며 기단 갑석에 심석을 설치〉

4) 와장대석(臥長臺石)기단

○ 와장대석기단은 장대석이나 무사석(武砂石:성문을 쌓을 때 사용하는 돌)으로 쌓은 축대 기단을 말하는 것으로 공공건물이나 사원·향교 등의 본전건물과 성문의 기단으로 사용되었다. 장대는 길고 큰 돌을 말하며 무사석은 장대의 의미로 성문에서 주로 사용된 것이다.

○ 와장대는 길고 큰 돌로 가공하여 사용되는데 경복궁 근정전 월대나 사정전의 기단에서 보이는 것과 같이 길고 두꺼운 장대석에 면을 정교하게 가공하고 모를 잘 맞추어 쌓아 건물의 위상을 높이고 장엄하게 하는 건물에 사용되었다.

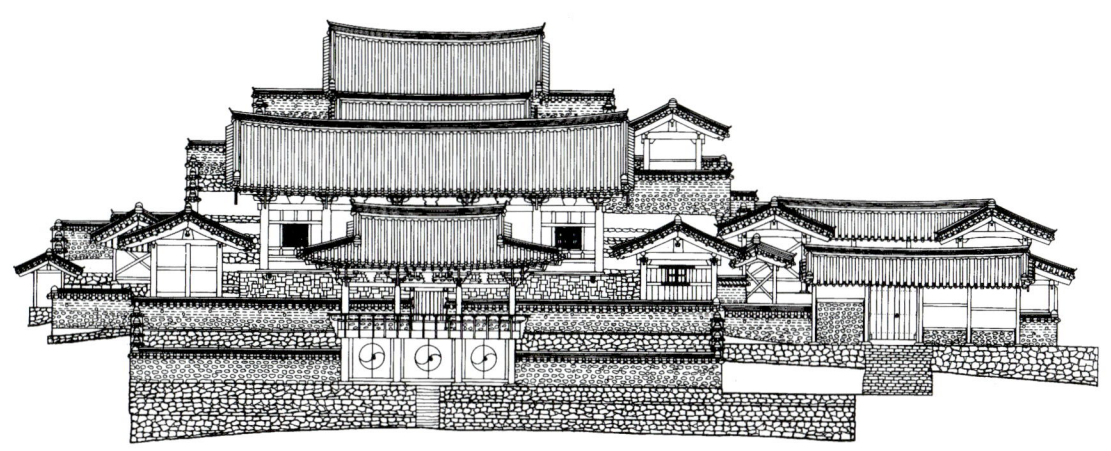

〔도33〕 달성 도동서원 기단과 축대(조선시대)

〔도34〕 부석사 축대(고려시대)

〔도35〕 불국사 축대(통일신라시대)

○ 와장대기단은 지대석·면석·갑석으로 구성된다. 이들 부재는 모두 화강암장대석으로 만든다. 지대석은 지반과 면석 사이에 설치하고 면석 위에는 갑석을 설치한다. 갑석은 장대석으로 두께는 면석과 같게 하여 몰딩을 두는 것(궁전건물-경복궁 사정전)과 면석보다 얇게 하는 것이 있다.(사원의 법당건물-부석사 무량수전)

○ 와장대기단은 양질의 화강암으로 흰색의 돌이 사용되었다.

○ 와장대쌓기의 단면은 뒤뿌리의 길이가 면의 두께보다 1.5배~2배 정도로 앞면에서 보는 두께보다 상당히 길어 안정감이 있다.

○ 앞면에서 축조하는 방법은 난석쌓기와 같은 수법으로 물려쌓기를 하되 돌과 돌의 맞닿은 면은 수평으로 3푼 정도로 모접기를 하여 상부돌이 하부돌보다 들어가게 쌓고, 수직으로는 2푼 정도로 이격하여 쌓는다.

○ 돌의 두께는 하부돌이 두껍고 상부로 올라가면서 점차 체감하여 작아진다.

○ 돌의 길이는 일률적으로 같은 길이로 하지 않고 거의 같은 길이거나 길고 짧은 것이 적당하게 배열되므로 맞닿은 면이 벽돌이나 블록처럼 일매지지 아니한다. 석산에서 인력으로 파취하므로 일정하게 될 수가 없다.

○ 돌의 앞면은 직각으로 정교하게 하나 뒤뿌리는 사방에서 사다리꼴 형태로 좁게 치석한다. 두부모처럼 네모반듯하게 하지 아니한다. 네모반듯하게 하면 상하양측면이 맞대어 적심돌이 끼어들지 못하게 되는데 이렇게 되면 밀려나기 쉽다. 사다리꼴처럼 되면 잔돌이 사방에서 끼어 밀림이 방지되므로 붕괴위험이 없다.

○ 뒤뿌리의 사이에는 쐐기형태의 적심이 끼어들어 면석과 적심이 서로 물려 견고하다.

○ 면의 가공정도는 구조물의 종류에 따라 다르게 정다듬·잔다듬 등으로 나타난다.

○ 뒤뿌리와 접속된 기단의 밑은 적심석을 채우고 기단바닥에는 화강암박석(薄石)이나 전돌을 깔아 포장하거나 강회다짐 또는 진흙다짐으로 마감한다. 박석의 두께는 요즘처럼 1치 내외의 얇은 판석이 아니라 최소한 3치 이상으로 하였다. 얇으면 깨지기 쉽고, 1치 정도의 얇은 판석을 인력으로 제작하는 것은 쉽지 않기 때문이다.

○ 기단상면은 수평으로 하지 않고 빗물의 흐름을 밖으로 하기 위해 약간의 경사를 둔다. 수평으로 할 경우 빗물이 하방고맥이 쪽으로 유입되어 건물에 습기를 자아내게 된다.

○ 석축기단은 오랜 세월에 바깥쪽으로 물려 나게 된다. 이는 기단 속에 물이 들어가 얼게 되면 얼음이 팽창하여 축대를 밀어 내어 발생되는 현상이다. 따라서 기단돌은 상당한 무게를 갖고 자중으로 지탱될 수 있는 크기를 고려해야 한다.

5) 가구(架構)기단

가구기단은 화강암을 사용하는 축대이나 와장대기단과는 다르게 면석과 탱주로 구성되는 기단이다. 면석과 탱주를 조립하여 단을 형성하는 것으로 지대석을 놓고 면석을 설치하되 면석과 면석 사이에 탱주를 조립한다. 건물의 양단에는 탱주로 마감하고, 기단상부에는 두께가 얇은 갑석을 놓아 마감한다. 마치 탑의 기단과 같이 하여 단아한 모습을 나타낸다. 가구기단은 조선시대 이후의 건물에는 사용예가 희귀하다.

6) 월대(月臺)

○ 기단 앞에 내밀어 넓은 마당과 같이 형성되는 것은 단의 일종이나 이는 월대(越臺·月臺)라고 한다.

○ 월대의 재료는 화강암 장대석으로 하여 바른층쌓기를 한다.

〔도36〕 경복궁 근정전 월대(조선 후기 1867)

〔도37〕 중국 자금성 태화전 월대(1695)

다. 주초석

1) 일반사항

○ 주초석은 기둥을 받치고 건물의 하중을 지반에 전달하는 건축구조이다. 주초석이 작거나 풍화된 돌을 사용하면 건물이 기울고 침하되는 등 건물의 안전에 치명적인 영향을 미치게 된다. 현대건축은 기초의 내구력을 역학적으로 계산하여 설치하지만 고대건축은 역학적인 계산을 어떻게 했는지 아직 밝혀지지 않고 있다.

○ 주초석은 움막집을 짓고 살았던 선사시대에는 사용되지 않았으나 기둥이 땅위에 세워지면서 기둥뿌리가 노출되게 되자 기둥이 침하되지 않고 부식을 예방하기 위해 사용된 것으로 보인다. 주초석에 대한 기록은 삼국사기 고구려조에 제2대 유리왕이 아직 잠저(潛邸:왕위에 오르기 전에 살던 집)에 살 때의 집 초석이 초석유칠릉(礎石有七稜)이었다는 것을 알 수 있다. 중국에서는 영조법식이란 책에 주초석의 표현을 고용목금이석(古用木今以石)이라고 한 것을 보면 나무초석을 사용했던 시기도 있었던 것 같다. 주초석은 삼국시대 이후 궁궐과 사원 및 민가 등 모든 건축에서 사용되었다. 중국의 건축기술서인 영조법식에 주초의 크기를 대략적으로 다음과 같이 기술하고 있다. 〈주초의 이름은 초(礎 : 주춧돌 초), 질(礩), 석(石), 전(磌) 등이라고도 하며 지금은 석정(石定)이라 이른다. 영조법식에서 조주초(造柱礎)의 제(制)는 그 방(方 : 方徑)이 주경(柱徑)의 배(倍)이니 주경이 2척이면 초방(礎方) 4척의 유(類)를 이른다. 방이 1척 4촌 이하인 것은 방 1척마다 두께(厚)가 8촌이고, 방이 3척 이상인 것은 두께를 방의 반으로 감하며 방이 4척 이상인 것은 두께 3척으로 율(率)을 삼는다.....〉. 라고 하였다. 이 설로 보아 주초석의 크기를 대강은 알 수 있을 것 같다.

○ 기존 주초석의 재활용과 선별 : 보수할 때 기존의 주초석은 균열되거나 풍화가 심한 것을 제외하고는 재사용할 수 있다. 대부분의 주초석은 화강암으로 내구성이 강하다. 건물하중을 못이겨 금이 간 것은 재사용할 수 없을 것이나 건립 당시에 견고한 것은 상당한 기간 그대로 지탱될 수 있다. 주초석은 최초 건립시에 흠, 갈램이 없는 것을 사용함은 물론

풍화된 것은 사용하지 않아야 한다. 풍화된 것은 계속 풍화가 진행되어 오래 견딜 수 없기 때문이다. 견실한 돌을 선별하여 사용해야 한다.

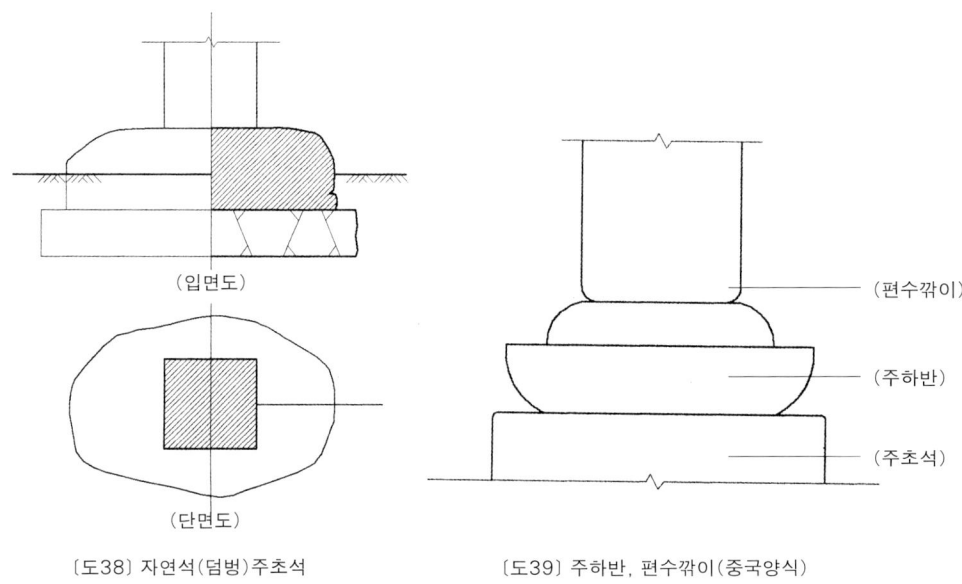

〔도38〕 자연석(덤벙)주초석   〔도39〕 주하반, 편수깎이(중국양식)

2) 주초석의 종류

가) 덤벙주초석

덤벙주초석은 가공하지 않은 자연석이 사용되므로 모양과 크기가 적당한 것을 선별해 사용해야 하며, 흠이나 갈랜 금이 있는 것을 사용해서는 아니 된다. 자연석 중 강돌 즉 개울에서 빤질빤질하게 닳은 돌이 아니라 산이나 들에 있는 것 또는 모암에서 채취한 것을 사용한다.

모암에서 켜낸 돌은 처음에는 흰색의 화강암으로 보이나 오랜 세월 풍화되어 고색이 나므로 자연석처럼 보일 뿐이다.

덤벙주초의 시공은 기둥과 맞춤을 할 때 그렝이공법으로 정교하게 해야 한다. 그렝이를 제대로 하지 않을 경우에는 주초석과 기둥이 완전하게 맞춤되지 못하여 기둥이 기울거나 갈라지는 현상이 나타나게 된다.

그렝이를 할 때 기둥밑둥은 도드라진 주초석과 맞추기 위해 기둥밑둥을 돌표면에 맞추어 곡면으로 따낸다. 기둥과 맞닿은 주초석 상단에는 소금을 넣어 두고 부식을 방지하게 하는데 밑둥이 희게 보이는 것은 이런 연유에서이다.

덤벙주초는 자연석이므로 사원의 본전(법당)에는 사용되지 않은 것으로 오인되기도 하나 조선시대에는 가공주초석보다 덤벙주초가 많이 사용되었다. 이는 조선시대에 궁궐이 아닌 사원이나 민가에서 치석(가공)을 한 석재나 단청 및 회를 함부로 사용하지 못하게 했던 제도에서 비롯된 것으로 보인다. 사원건물이나 민가에서 가공주초석을 사용하지 않았던 건물임에도 건축미적으로 부조화스럽지 못하다던지, 구조상 불안전한 점은 느끼지 아니한다. 근래 법당이나 요사채 등을 지으면서 주초석을 가공하거나 연화문 등을 넣어 화려하게 하는 경향으로 흐르고 있다. 덤벙주초는 한국건축의 소박한 감을 나타내는 것이라 할 수 있을 것이다. 고대에는 주초석에 연화문을 조각했던 자료(쌍영총 벽화)와 유구(법천사 탑비전)가 있으나 조선시대에는 그와 같은 건축 장식은 하지 않았던 것으로 보인다.

나) 가공주초석

가공주초석은 궁전이나 사원의 본전(조선시대 이전의 건물) 및 향교 등의 건물 기단에서 자연 상태로의 돌을 인공적으로 가공하여 면을 바르게 만든 주초석을 말한다. 가공주초석은 상단과 측면을 면바르게 가공하지만 기단이나 땅속에 묻히는 부분은 가공하지 않고 파취된 상태대로 사용한다.

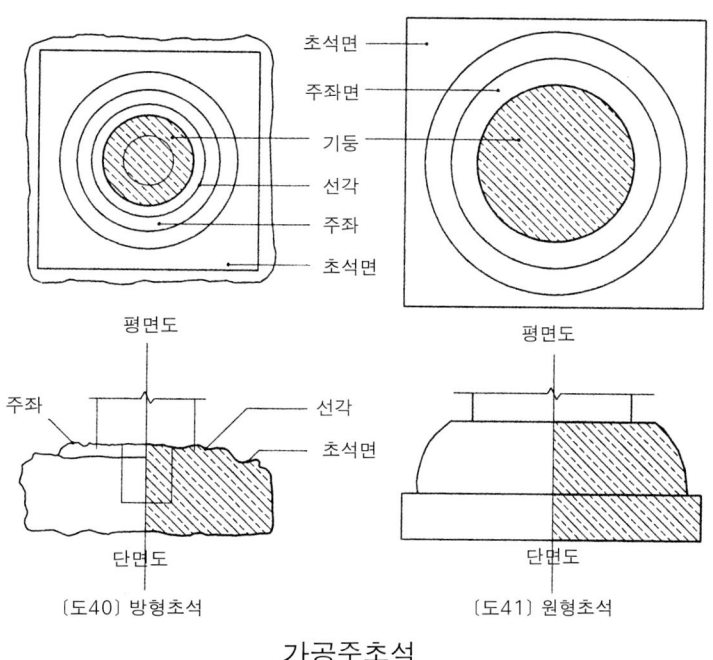

〔도40〕 방형초석　　〔도41〕 원형초석

가공주초석

가공주초석의 모양은 돌의 상단만을 평면적으로 가공하는 것, 돌기되게 하여 1단의 주좌를 두는 것, 2단의 주좌를 두는 것, 주좌를 높게 하는 것, 주초석과 하방을 동일부재로 하는 것, 주초석에 연화문 조각을 하는 것, 주좌를 길게 하여 물고기를 조각하는 것, 장주초로 기둥 대신 높게 하는 것 등으로 구분된다.

주초석의 형태는 원형, 방형, 팔각형 등과 같이 각을 다르게 하는 것이 있다. 이와 같이 가공과 형태를 다르게 하는 까닭은 왕궁의 전각, 사원의 본전과 부속건물과 같은 사용주의 위상, 건물의 중요도에 따른 것이다. 건물의 위상과 주초석과의 관계는 외형상으로 조화를 이루어야 한다. 건물은 작고 간단한데 주초석은 크고 화려하게 하는 것은 조화를 이룰 수 없다. 건물을 복원할 때 주초석은 건축양식과 크기와 형태는 물론 시대성에 맞게 해야 한다. 근래 전통건축양식의 건물을 지으면서 과거의 형식을 무시하고 터무니없이 화려하게 하는 경향으로 흐르고 있다. 이런 현상은 건축의 부조화는 물론 비경제적이다. 적재적소에 적합한 구조 형식을 갖추어야 할 것이다.

다) 호박돌 주초

전혀 인공을 가하지 않고 냇물에 닳아 빤질빤질한 돌로 주초석을 설치하는 것이다. 이런 것은 냇가에 집을 지을 때 가장 간단하게 설치하는 것으로 민가에서 사용되며 흔하지 않다. 빤질빤질한 면이 미끄러워 기둥을 견고하게 안치할 수 없다. 덤벙주초석과 호박돌주초석은 모양과 크기를 선별해서 사용해야 한다. 돌의 형상이 뾰족하거나 납작한 부분이 있는 것, 기둥 밑둥보다 돌출이 부족한 것, 상면이 너무 요철이 심한 것 등은 사용하지 않아야 한다.

3) 주초석과 기둥의 설치방법

○ 주초석 위에 기둥을 설치할 때는 기둥과 주초석이 접속되도록 기둥에 그렝이를 한다. 주초석에는 십자(+) 먹줄을 긋고 그린 먹줄 위에 기둥의 위치가 정확하게 설치되도록 한다. 옛 건물이나 신축건물에서 기둥의 위치가 주초석 중심에서 벗어나 있는 경우가 있는데 이는 기둥이 밀려나거나 주초석이 잘못된 위치에 있기 때문이다. 기둥과 주초석이 잘 맞춰지지 않으면 편심하중이 발생되어 건물이 기울어지는 원인이 된다.

○ 주초석의 크기는 건물의 규모와 기둥에 따라 다른 것이지만 어느 정도인지 그 정확한 수치는 잘 알 수 없다. 옛 건물에도 표면상으로는 보이는 부분에 한하여 실측이 가능하나 기단에 묻힌 부분은 알 수 없다. 영조법식에서 〈주초석의 방

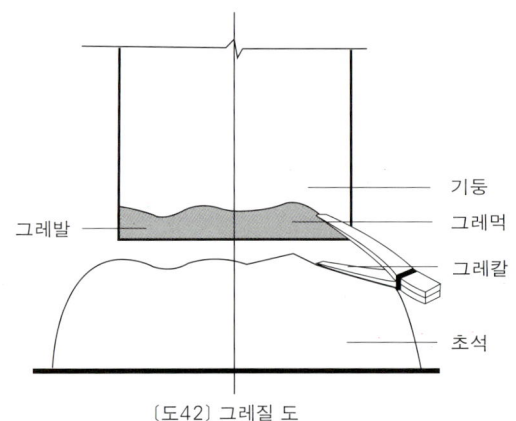

〔도42〕 그레질 도

〔도43〕 그레질 모습

경(方徑 : 지름)이 주경(柱徑)의 배(倍)이니 주경이 2척이면 초방은 4척의 유(類)를 말한다. 방이 1척4척 이하인 것은 방 1척마다 두께가 8촌이고 방이 3척 이상인 것은 두께를 방의 반으로 감하며 방이 4척 이상인 것은 두께 3척으로 율을 삼는다〉라고 하였다.

○ 주초석은 얇은 한 장의 판석이나 두겹으로 하는 것은 외형상 불안하게 보일 뿐만 아니라 균열과 밀려남 등으로 불안정

하게 된다. 또한 가공주초석의 가공정도는 잔다듬까지 정교하게 하고, 덤벙주초는 다듬가공을 하지 않고 파취된 면을 그대로 사용한다. 호박돌 주초석은 자연상태로 사용하는 것이다.

라. 층계

○ 층계는 건물의 기단과 축대가 높은 경우에 오르내리기 위한 시설이다. 층계는 사람이 생활하는 건물에는 건물의 전면과 측면에 설치하고, 사당이나 사원의 법당에는 고대에는 건물의 측면에 두었으나 시대가 내려옴에 따라 전면에 두는 경향으로 바뀌게 된다. 층계를 건물의 양측면에 두는 것은 제례에서 동입서출(東入西出)하는 제도에 따른 것이다.

○ 층계의 재료는 건물 내부에는 목재로 하였으나 건물 외부는 석재로 하는 것이 일반적이다. 외부는 목재가 빗물에 부식되기 쉬우므로 석재로 한다.

○ 층계는 자연석난층쌓기와 가공석바른층쌓기의 방법이 있다. 자연석층계는 기단을 쌓는 방법과 같이 하고, 가공석쌓기는 장대석으로 한다.

○ 층계는 양쪽에 소맷돌을 두는 것과 두지 않은 방법이 있다. 궁전이나 능원과 같은 권위건물의 정면에는 소맷돌을 두고, 측면에는 소맷돌을 두지 않으며, 권위건물의 부속건물이나 민가에서는 소맷돌을 설치하지 아니한다.

○ 층계의 폭은 소맷돌이 없는 경우 첫 단이 넓고 위로 올라가면서 점차 폭이 좁아지게 되는데 이는 돌쌓기의 방법에서 들여쌓기를 하므로 발생되는 현상이다. 들여쌓기를 하지 않은 층계는 측면에서 볼 때 보는 사람의 앞쪽으로 기울 것 같은 불안감을 일으키는 착시현상을 교정하는 역할도 한다.

○ 층계 중에는 00교라고 하여 다리의 명칭이 붙여진 것도 있는데 예를 들면 불국사의 연화교·칠보교와 같은 것이다. 그 이유는 층계의 중간에 홍예가 있고 홍예 밑에는 물이 흘러 다리의 역할도 하기 때문이다.

마. 하방고맥이

○ 하방은 기둥과 기둥 사이 밑부분에 설치하고 그 위에 문이나 벽을 구성하게 하는 부재이며, 하방 밑을 막는 것을 고맥이라고 한다. 고맥이로 둘려지는 공간은 방이 되거나 마루밑이 된다. 방이 되는 경우에는 환기구가 없이 완전하게 막히게 된다. 마루가 되는 경우에는 환기구를 두게 되는데 이 환기구를 통하여 마룻바닥 밑을 환기를 하여 마루의 부식을 방지한다. 그러나 환기구가 협소하여 환기가 잘되지 않을 때 마룻바닥과 마루 속에 설치된 기둥의 밑둥과 마루널은 심하게 부식되어 건물 전체를 약화시킨다. 따라서 환기구는 환기에 필요한 크기로 설치해야 한다.

○ 고맥이의 설치방법은 토석둑을 만들거나 궁전건물과 같은 고급건축인 경우에는 장대석 또는 널판에 구멍을 내어 만든다.

○ 하방의 환기구에는 철망을 부설하여 쥐와 새들의 틈입을 막게 한다.

2. 목부

가. 일반사항

1) 재료

○ 궁궐건축에는 육송이 주로 사용되었고 사원이나 민가건축에서는 육송과 느티나무가 사용되었다. 일본은 삼나무와 홍송이 사용되었으며 중국은 목재표면을 천으로 둘러싸고 단청을 하였다. 우리나라의 목재는 표면이 그대로 노출되게 하여 나뭇 결이 잘 나타나 자연미를 그대로 볼 수 있다. 나무가 갈라진 것이 흠이나 이 흠은 목재가 마르는 과정에서 나타난 피할 수 없는 현상이며 갈라진 부분에는 쐐기를 충전하여 틈새를 막고 단청을 한다.

○ 목재는 재질이 다르면 사용 후 수축 팽창계수가 달라 이완·갈램 등의 원인이 된다. 따라서 목재는 기존의 것과 재종·재질·강도·함수율·생산지 등이 같은 것을 사용한다.

2) 단면치수

○ 설계도면에 표시된 치수는 마무리 치수이다. 도면에 표기되었다고 하여 반드시 도면 치수대로 하기는 쉽지 않다. 건물을 지을 때 인공으로 가공하므로 약간씩의 오차가 있을 수 있으며 오랜 세월에 건조 축소되기도 하고 틈이 생겨 벌어지기도 하였다. 또한 기둥·평방·연목·추녀 등 모든 부재는 치수를 일정하게 하거나 같게 할 수 없었다. 도면의 표기치수는 그 기준을 정해 놓은 것이며 시공시 다소 크거나 작을 수 있다. 목재를 선별하는 과정에서 제일 상품인 것을 골라야 하며 작은 치수의 부재는 선택하지 않는 것이 현실적으로 요구된다.

3) 부재의 선형

○ 고건축에는 궁전건축과 고려 이전의 불전 본당건축을 제외하고는 반드시 직선재만을 사용하지 않았다. 기둥, 보, 추녀, 연목 등은 자연 상태에서 약간 구부러진 것도 사용되었으며 선자연이나 추녀, 사래, 문지방 등은 구부러진 재목을 필요로 한다. 직선부재라도 구부러진 범위가 상하 중심선에서 벗어나지 않은 것이면 사용 되었다.

○ 근래 육송의 구입이 어렵게 되자 직장재인 왜송을 사용하려는 경향이 있는데 이는 오히려 건축의 소박한 감을 저하시키게 된다.

4) 해체

o 해체부재는 부식, 절단, 갈램 등의 현상을 정밀 조사하여 보존처리 및 보강을 하여 최대한 재사용한다.

o 재료조사를 하여 재질·재종·강도·함수율 등을 측정하고 건립당시의 사용연대를 측정하여 고증자료로 확보한다.

5) 치목

o 보충부재의 치목은 구재의 원형(치목방법, 사용도구, 마감형식)에 따른다. 구재와 똑같이 했을 경우 후에 착각을 일으킬 수 있다는 견해도 있으나 준공보고서에 기록을 남기고 풍화와 마모도 및 재질이 똑같을 수 없으므로 구분은 가능할 것이다. 기법이나 재료를 다르게 사용했을 경우에 조화를 기하지 못함은 물론 원형대로 수리 내지는 복원을 하지 못했다는 비난도 면치 못할 것이다.

o 근래 전기대패, 전기톱 등의 출현으로 인력으로 치목하는 현장이 많지 않다. 이렇게 하다가는 전통기능을 잃게 되지 않을까 우려된다.

o 도끼벌로 되어 있는 건물을 보수하면서 대패질을 한 경우도 있으며 선사주거지를 복원하면서 톱으로 부재를 자르고 철근으로 긴결해 놓은 경우도 있다. 아무런 생각없이 그저 외형만 만들어 놓으면 된다는 그런 사고방식은 무책임한 일이 아닐 수 없다.

6) 조립

o 조립은 해체의 역순으로 한다. 해체시 붙인 부위표를 확인하여 각 부재는 원래의 위치에 맞게 조립한다.

o 조립시 이음과 맞춤은 헐겁지 않게 하고 약한 부위에는 철재 등으로 견고하게 보강하여 구조 안전상 약점이 없도록 한다. 일본 동대사의 경우 보 밑에 철골로 견고하게 보강하여 기존의 약점을 완전하게 보완 시공하였다.

나. 각 부재의 시공요령

1) 기둥

가) 해체

o 건물전체의 기둥을 조사하여 안쏠림(측각 側脚)과 귀솟음(생기 生起)의 높이를 측정한다.

o 주초석의 상면에 기둥이 놓일 위치를 먹선으로 표시해 둔다.

○ 사괴맞춤의 사괴가 절단되지 않도록 무리하게 해체하지 않는다.

○ 부식정도를 파악하여 재사용 가부를 판단한다.

○ 이음과 맞춤자국을 조사하여 다른 건물의 이건 조합여부를 분석한다.

○ 지상에 놓고 보존처리를 해둔다. 기둥은 상부의 사괴가 절단되거나 기둥밑둥이 심하게 부식되어 있는 경우가 많다. 사괴를 개보수하여 재사용하는 것은 매우 어려운 일이나 밑둥은 썩은 부분을 긁어내고 동바리이음 또는 보존처리를 하여 재사용이 가능하다.

○ 단청문양(주의 柱衣)을 조사해 둔다.

〔도44〕 기둥 동바리 이음(하동 쌍계사 사천왕문, 2005)

〔도45〕 목재 부식부분 보존처리(일본 당초제사, 2004)

〔도46〕 여수 진남관 전경

〔도47〕 진남관 내부

〔도48〕 기둥하부 부식부분 처리

〔도49〕 외부 부식 처리 후 기둥상태

나) 치목

○ 교체할 부재를 파악하여 기존과 같은 규격과 형태로 치목한다.

○ 치목한 부재는 응달에서 통풍이 잘되게 하여 자연 건조한다.

○ 균열이 적게 나게 하기 위해 종이를 발라 갑작스럽게 건조되지 않도록 한다.

○ 충해와 청태가 심한 목재는 사용하지 않도록 하고 경미한 경우에는 방부·방습처리를 해둔다.

[도50] 균열방지 종이바름

○ 민흘림이나 배흘림은 건물의 양식과 맞는 형태로 치목한다. 근래 다포집이나 익공집을 지으면서 배흘림으로 하는 경향이 있는데 양식상 전혀 맞지 않은 것이다.

○ 사개가 너무 가늘어지지 않도록 한다.

○ 익공·공포 등 조각부재의 형태는 궁궐과 사원의 차이점을 파악하여 형식에 맞게 설계 및 시공을 해야 한다.

○ 치목은 도면에만 의존하지 않고 현지 상태를 판단하여 대목으로 하여금 현촌도를 다시 작성하여 시공토록 한다.

다) 조립

○ 주초석 상면에 표시해 놓은 기둥 자리에 가조립하여 높낮이와 쏠림 등을 조절하여 재조립한다.

○ 신축시 주초석과 기둥의 조립은 그렝이를 해야 하고 쐐기로 받치는 것은 좋지 않다.

○ 사괘맞춤시 사괘가 절단되지 않도록 하고 단면이 헐겁지 않고 꽉 짜이도록 한다.

○ 기둥머리를 예쁘게 한다고 둥글게 모를 접지 말고 직선이 되게 한다. 둥글게 모를 접는 형태는 일본식이다.

라) 사개(사괘)맞춤

사개맞춤은 두 개의 부재를 직각으로 맞추거나 기둥과 보를 맞출 때 사용되는 공법으로 목구조에서 매우 중요한 부분이다. 기둥에 4개의 화통가지를 만들고 보머리 안쪽에 기둥·보·창방·도리 등이 끼어 맞추게 되는데 이들 부재는 이완됨이 없이 꽉짜여 져야 한다. 보는 보머리 안쪽에서 수장폭으로 가늘게 깎아내고, 기둥은 보목(숭어턱)이 끼어질 수 있도록 가늘게

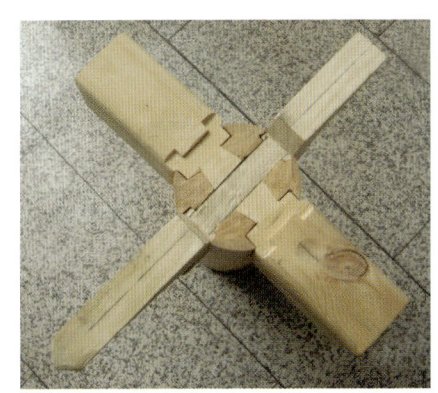

[도51] 사개맞춤

따내야하는 데 이들 따낸 부분이 너무 가늘게 되면 쉽게 절단될 수 있으므로 주의를 요한다.

2) 창방

창방은 도리집, 주심포집, 다포집 등 어느 건물에서나 기둥과 기둥을 붙잡아 매어주는 구조 부재이다. 기둥의 사개 밑에 끼움턱을 만들고 창방에 주먹장부를 내어 사개에 끼운다. 귓기둥의 귀솟음을 주기 위해 창방의 귓기둥 쪽을 두꺼운 단면으로 하는 경우도 있다.

가) 해체

창방은 기둥 화통가지에 주먹장장부로 단단하게 끼어 있어 해체시 화통가지가 절단되지 않도록 한다.

나) 치목

창방머리는 주먹장장부로 치목하여 기둥사개에 맞추어지도록 한다. 창방의 단면은 둥그렇게 모접기를 한다. 창방의 양 끝은 훌치는 것과 훌치지 않고 직선으로 하는 두 종류가 있는데 궁전과 같은 권위건축은 훌치기를 한다. 두 부재가 헐겁지 않게 장부머리를 사개구멍보다 약간 크게 치목한다. 창방이 뺄목으로 연장된 경우에는 뺄목이 몸 부분보다 높게 하여 주두가 감싸질 수 있게 한다. 뺄목에 조각이 있을 때는 현촌도를 작성하여 조잡한 형상이 되지 않게 한다.

다) 조립

기둥사개가 절단되지 않도록 주의하고 두 부재는 헐겁지 않게 꽉 짜여지도록 조립한다. 해체 전에 기둥에서 빠져나와 헐겁게 된 경우에는 보완하여 재사용한다.

3) 평방

평방은 다포집에서 창방 위에 올려 공포를 받치는 부재이다. 평방 위에 주두와 대접주두를 올려놓고 공포를 짜 올린다. 대형건물은 귀기둥 위에서 평방과 평방이 만나는 부분에 이방을 놓아 공포를 받치게 한다. 평방과 주두 사이에는 촉구멍을 뚫어 놓고 조립 시에 촉을 박아 두 부재가 이완되지 않도록 한다. 평방과 평방의 이음은 나비장 또는 주먹장으로 연결되게 한다. 이음이 부실한 경우에는 철띠로 보강한다.

가) 해체

평방은 공포부재의 주두를 받치고 있으므로 두 부재를 조립할 때 끼어놓은 촉이 절단되지 않도록 주의한다. 나비장 또는 주먹장이음이 손상되지 않도록 하고 이완상태를 확인한다.

나) 치목

평방은 단면 모서리에 면접기를 하지 아니한다. 주두를 놓을 자리에 촉구멍을 파놓는다. 주먹장을 만들거나 나비장이음을 만들어 둔다.

다) 조립

주두와 맞춤자리에 파놓은 곳에 촉을 박아 고정한다. 이음을 견실하게 하여 이완되지 않도록 한다. 이음이 부실한 경우에는 철띠로 보강한다. 대형건물에서 귀포가 중량일 때는 이방을 두어 귀포를 받치고 직교되는 평방이 서로 견고하게 지탱될 수 있게 한다.

4) 익공

익공은 창방·보아지 등의 끝을 초새김하여 쇠서모양으로 한 장식적인 형상의 부재를 말한다. 초익공·이익공 등이 있으며 초익공은 창방뺄목만이 한 개의 익공으로 된 것이며, 이익공은 굴도리밑 장여와 주두를 맞추어 조립하는 두 번째 익공이다. 익공집은 궁전의 부속건물이나 정자 등 격식이 전각보다 한 단위 낮은 건물에 사용되며 그 형태는 궁전건축 사원건축 등에서 다르게 한다. 궁전건축에서는 익공의 허가 수평으로 직선적으로 흐르다가 맨 끝에서 약간 아래로 처지게 하는 형식이고, 사원이나 정자에서는 수평으로 하지 않고 S자형으로 곡선을 지운다. 따라서 궁전 건축의 익공은 강직한 형상을 하고, 사원이나 정자는 곡선이 많이 초각된다. 익공의 출현 시기는 16세기 후반으로 주심포계양식과 다포계양식이 혼용되어 있다. 조선초기 이후의 건축양식으로 익공배치는 주심포계에 가깝고 첨차·제공 등의 세부의장은 다포계에 가깝다. 초익공은 주심포계의 헛첨차부분이 다포계의 쇠서형으로 변화된 형식이고, 쇠서형은 수서로 된 것이 많다. 공포의 배치는 주심포건축양식과 같이 기둥 위에만 두고, 기둥 사이에는 화반을 두어 도리받침장여를 받치고 있다. 익공집에도 주심포나 다포와 같이 건물의 외측에는 일출목이 있으나 건물 안쪽에는 출목이 없어 주심포양식이나 다포양식과 구별된다. 출목이 있는 익공건물을 주삼포양식이라고 한다. 근래 사원건축에서 익공집을 지으면서 궁전건축의 익공을 사용하는 예가 많은데 이는 건축양식의 적용에 있어 잘못된 것이다. 익공의 형태는 지역에 따라, 목수의 시공양상에 따라 매우 다양하게 나타나는데 그 형태는 건물의 용도·지역 등에 따라 적당한 형태를 취해야 할 것이다.

창방 끝에서 익공을 초각할 경우 부재가 짧을 때 익공을 만들어 끼워 넣은 것도 있는데 이는 잘못된 것이며 나무가 마르면 빠지거나 헐렁거리는 수도 있다. 이렇게 되지 않게 하려면 창방을 길게 사용하고 끼워 넣은 것은 보수 시에 견실하게 조립해야 할 것이다.

가) 해체

익공은 기둥사괘·창방·주두와 결구되어 있어 해체시 세 가지 부재에 손상이 없도록 주의하여 해체한다. 먼저 주두를 들어내고, 익공을 기둥사괘에서 빼낼 때 사괘가 부러지지 않도록 조심스럽게 익공을 빼낸다. 익공이 보 밑을 받을 때 익공과 보 밑바닥에 박은 촉으로 연결된 것에 주의해야 한다. 익공을 해체한 후에 바닥에서 익공의 초각을 탁본하고 보관시 뒤틀림이 일어나지 않도록 다른 부재로 눌러 보관한다.

나) 치목

익공은 궁전건축을 제외하고는 사원·민가·정자 등에서 그 형태가 다르게 나타난다. 기존 건물의 보수 시에는 기존의 형태를 따르면 되지만 신축의 경우에는 건물용도에 따라 익공의 형태를 적당한 것으로 설계하여 시공에 임한다. 시공시에 설계도에 그려진 대로 하는 경우에 설계가 잘못될 수 있다. 상세도가 없는 경우에는 건축현장에서 시공현촌도를 그려야 한다. 한 목수가 다른 현장에서 시공했던 것을 그대로 인용하면 신축건물에는 틀릴 수가 있다. 현촌도를 그려서 관계전문가의 확인을 받아 시공해야 한다. 익공의 양면에 당초문양을 음각할 경우에는 단청할 때 그 문양이 틀리지 않도록 단청가와 협의를 거쳐 치목을 요한다. 목수가 조각을 잘못하면 단청시 그 오류가 발견되어 올바른 단청문양을 시공할 수 없게 된다.

다) 조립

조립은 해체의 역순으로 한다. 먼저 창방을 기둥사괘에 걸고 사괘촉에 익공을 끼우는데 사괘와 이공·창방 모두가 견실하게 접속되게 한다. 헐렁거리거나 사괘촉이 부러지지 않게 한다. 익공을 설치한 후에 주두를 올리는데 익공을 판 부분에 주두가 밀착되게 한다. 이익공일 때 초익공과 이익공 사이에는 촉구멍을 파놓고 원형의 촉을 끼워 서로 밀착되게 한다. 보 밑에 받쳐지는 익공의 뒤뿌리는 촉 구멍을 뚫고 촉을 끼워 보에서 벗어나지 않게 붙잡아 준다.

5) 화반

화반은 고급형의 익공집에서 기둥과 기둥을 연결하는 창방 위에 올려 장여를 받치는 부재이다. 초익공에는 창방과 장여 사이가 좁아서 소로를 끼우는데 이익공은 그 틈새가 넓어 소로를 끼울 수가 없으므로 춤이 높은 화반을 끼워 장여의 처짐을 방지하고 장식도 되게 하는데 그 형태는 당초무늬·귀면·모란꽃·동물형 등 여러 가지가 있으며 주심포양식에서 복화반(안동 봉정사 극락전)과 솟을화반을 받치는 것과 같은 것이다. 화방의 설치개수는 기둥과 기둥 사이에 수개를 같은 간격으로 배치한다. 화반과 장여 사이에는 직각으로 운공을 설치하여 서로 접속을 보완한다. 화반과 장여 사이에는 소로를 화반상부면을 따서 끼고 운공을 받친다.

가) 해체

화반은 창방 위에 올리고 소로를 끼워 장여를 받치는데 화반 상면의 양쪽에 촉구멍을 파고 장여와 촉으로 긴결되어 있다. 도리밑에 장여를 해체하고 촉이 부러지지 않도록 주의해서 해체한다. 화반은 비를 맞지 않으므로 대부분 온전한 상태로 지탱되어 재사용이 가능하다.

나) 치목

화반은 장여를 받치는 구조적인 점과 장식을 위한 당초·귀면·모란꽃·동물형 등의 무늬를 하고 있으므로 기존의 무늬를 잘 살펴 다른 형태로 변형되지 않게 치목한다. 조각이 되는 부재이므로 무늬는 각각의 특성이 연결되어 끊기지 않도록 한다.

다) 조립

화반의 조립은 해체의 역순으로 한다. 화반 윗면에 장여와 긴결하기 위해 만들어 둔 촉구멍에 촉을 끼워 긴결한다.

6) 공포

공포는 앞에 설명한 바와 같이 여러 가지 형태로 나타나는데 본문에서는 보수·신축 등 시공과 관련한 사항에 대하여 기술하고자 한다. 공포는 주두·소로·첨차·제공·한대·살미 등이 조합되어 처마의 내·외부 하중을 받아 기둥에 전달하는 구조역학적인 역할과 건물의 장식을 겸하는 분이다. 또한 공포부분은 건물의 높이를 더하는데 기둥으로 무한정 높일 수 없는 단점을 공포를 겹겹으로 쌓아 올려 높이를 올리고, 처마를 길게 내밀게 하는데 출목이란 형식으로 긴서까래를 받치는 것으로 구조적인 역할을 하는 것이다. 이와 같은 공포는 작은 부재 여러 개를 조합하므로 이완되거나 들뜨고 갈램, 편심 등의 결함을 갖게 된다.

공포부재의 해체는 도리밑 장여를 받치는 소로로부터 시작하여 주두까지 조합된 여러 개의 부재를 각 부재별로 들뜸·갈램·기울음·긴결촉 등의 상태를 조사하고, 위치를 표시한 번호표를 부착해 놓은 다음 해체에 임한다. 소로와 첨차는 긴결촉을 조사한다. 첨차와 제공의 긴결촉을 확인한다. 주두 위에 조립된 첨차와 제공의 긴결상태를 조사한다.

가) 해체

○ 공포는 주두와 장여 사이에 조립된 각 부재를 상부로부터 하부의 순서로 해체한다. 장여를 들어내고 장여를 받치는 소로를 해체한다. 소로 해체 시 소로에 쓰여진 번호의 유무를 확인한다. 새로운 번호표를 부착한다.

○ 소로의 쪼개짐과 들뜬 상태를 확인하고 재사용재와 불용재를 선별하여 적치한다.

○ 첨차와 소로의 조립상태와 긴결촉의 유무를 확인한다.

○ 제공·첨차·소로의 조립상태를 상세하게 실측한다.

○ 첨차와 제공의 반턱맞춤상태를 확인한다.

○ 첨차와 제공의 쪼개짐과 들뜬 상태를 확인하고 상세하게 실측한다.

○ 주두와 제공의 결구상태를 상세하게 실측한다.

○ 주두의 쪼개짐과 압축상태를 확인하고 사용여부를 판단한다.

○ 뒤틀림은 외관상 불안정하게 보이나 구조안전상의 문제는 없는 것이다.

나) 치목

공포의 형태는 건축시기 건축구조에 따라 다양한 형태로 되어 있다. 보수의 경우에는 보충재를 기존부재와 같은 크기 형태로 치목하고, 신축인 경우에는 건축양식에 적당한 형태로 치목한다. 주두, 소로, 첨차, 제공 등은 궁전·사원 등의 건축에서 다른 형식으로 치목해야 하는데 보수 시에는 기존의 형태를 따르면 될 것이나 신축의 경우에는 설계도면에 상세도를 도시해도 실제 현장시공시에는 다르게 치목하는 경우가 적지 않으며 상세도면 자체가 맞지 않게 그려진 경우도 있다. 공포의 형태가 건물전체적인 구조 양식에 맞지 않으면 건축은 바르게 지어졌다고 할 수 없다. 건축형식은 익공계·주심포계·다포계 등에서 각기 다른 특성으로 나타나며 이들 다른 형식에 각기 맞는 형태로 치목해야 한다. 익공계는 조선후기에 나타난 건축형식으로 기둥은 민흘림, 익공은 곡이 심한 쇠서와 앙서로 구성되어 주심포계보다 더 화려한 것 같으나 초각된 형상은 조잡하게 보인다. 주심포계는 기둥이 배흘림이고 첨차의 형상은 부재의 양쪽 하단부에 연판두식(연꽃잎형)을 간결하게 조각한다. 제공은 건물 외측은 초가지가 간결한 곡선으로 S자이다. 조선후기의 익공계 초가지와 비슷한 것 같지만 사원이나 민가의 정자 등은 부정형으로 조잡하나, 궁전건물은 일정한 격식을 띠고 있다. 다포계는 첨차의 양쪽 하단부가 곡면이고 첨차 상부에 공안을 새긴다. 다포계의 제공은 초가지가 쇠서형으로 아래쪽으로 힘차게 내뻗는 형과 제공의 끝이 약간 쳐들어 올리는 앙서형이 있다. 제공은 초기에는 주두에서 건물 외측으로 수평으로 나오다가 하부로 내리 뻗어 그 단면이 수평을 이루지 않으나 후기에는 주두에서부터 수평으로 연장되어 건축적인 힘과 모양이 연약해지는 것으로 보인다. 이런 현상은 조선후기에 목재의 부족 현상이 원인이 된 것으로 보이는데 근래 사찰이나 민가 건축을 하면서 건축비를 줄이기 위해 후자와 같은 건축을 함으로써 전통건축의 진수를 잃어가고 있는 상황이라고 생각된다. 주두와 소로의 형태에 있어서도 익공계와 다포계는 주심포계에 있는 굽받침이나 곡면은 없는 것이다. 이와 같이 각 부재는 건축시기와 구조양식에 따라 각기 특성을 살려 세부 형태를 다르게 해야 할 것이나 이와 같은 전통기법을 이탈하여 각 부분별로 건축주나 장인의 기호에 따라 건축하는 것은 옳지 않은 것이다. 공포부재의 치목은 먹선을 친 자국을 따라 톱으로 켠 다음 끌로 따내는데 원부재에 균열이 나지 않도록 한다. 공포부재 중 첨차와 제공 등은 치목 후 건조 시 균열이 나지 않도록 표면에 창호지를 발라 수분발산을 억제하여 보관한다.

(1) 주두

o 주두는 설계도면치수에 따르되 압축력에 의해 쪼개지지 않도록 나무결이 단면에서 보이는 쪽을 상하로 하여 치목한다.
o 주두의 밑바닥에는 촉구멍을 내어 창방 평방 등과 조립될 수 있도록 한다.

(2) 소로

o 소로는 첨차 · 장여 · 제공 등과 조립되므로 밑바닥에 촉구멍을 내어 공포부재 조립시 촉을 낄 수 있게 한다.

(3) 첨차

o 첨차의 형태는 하부면의 연판조각유무, 곡면, 양단면 경사도 등을 건축의 양식에 따라 맞는 형태로 치목한다. 연판의 형태는 건축시기와 양식에 따라 다양하므로 현촌도를 작성하고 전문가의 확인을 받아 치목한다.

○ 첨차에는 공안을 두는 것과 두지 않고 단청으로 하는 것이 있으므로 선별하여 치목해야 한다.

○ 연판의 형태는 정형적인 것과 변형된 것이 있으므로 건물성격에 맞게 선별해야 한다.

○ 첨차에는 소로와 고정될 수 있는 촉구멍을 내어둔다.

〔도52〕 첨차와 소로의 고정촉

(4) 제공

○ 제공의 양단부는 첨차형과 같이 단순하게 절단한 형과 초가지가 돌출되는 형 등이 있으므로 건축양식에 맞게 선택하여 치목한다.

○ 제공은 현촌도를 작성하여 전문가의 확인을 받아 치목한다.

다) 조립

공포의 조립은 해체의 역순으로 한다. 해체 시에 붙인 번호표를 확인하고 그 순서에 따른다. 해체 및 새로 만든 공포부재는 균열, 파손, 뒤틀림 등이 없는 것을 선별하여 조립한다. 미리 파놓은 촉구멍에 촉을 끼워 이완되지 않게 한다. 공포부분이 뒤틀린 경우에는 바로잡기가 매우 어렵다. 바로잡아 놓아도 다시 뒤틀리는 경우가 있다. 이런 때는 철물 등으로 보강하는 방법이 강구되어야 할 것이다.(일본에서는 공포를 철물로 붙들어 매어 뒤틀림을 방지하는 시공을 한다)

7) 장여

장여는 도리를 받치는 부재이다. 도리의 구조적인 약점을 보강하기 위해 도리를 받쳐 처짐을 보강한다. 장여는 춤이 폭보다 큰 각재를 사용하며 상하부 수장재의 폭보다 두께를 같거나 약간 작게 한다. 장여의 길이는 기둥과 기둥의 중심간격(주간)보다 약간 길게 여유를 둔다. 장여는 기둥 사괘나 소로 위에 조립되어 있다. 기둥사괘부분에서 장여를 길게 도리방향으로 설치할 때는 두 부재가 맞닿은 부분에 제혀장부반턱이음으로 한다. 출목이 있는 건물에서 장여는 제공과 반턱맞춤으로 긴결된다. 고대건물(봉정사 극락전)의 장여는 단장여라고 하여 짧게 되어 있고 이외의 건물은 대부분 긴장여로 되어 있어 단장여와 비교된다. 모서리에서 장여의 맞춤은 기둥에 장여 장부촉구멍을 만들어 주먹장으로 된 도리의 장부를 기둥사괘에 끼우고 나무망치로 내려 박는다. 용마루도리는 건물의 중앙간의 도리에 상량문을 보관한다. 도리의 밑바닥에 상량문이 들어갈 수 있는 장방형의 구멍을 만들고 상량문을 넣은 다음 판재뚜껑을 덮어 보호한다. 도리에 상량문을 보관하지 않을 때는 장여 밑바닥에 상량문을 쓴다. 장여는 이음부분이 빠져나와 있거나 들뜬 상태인 경우가 있다. 이런 상태는 벽화를 훼손하거나 건물의 기울음에 영향을 받게 된다.

가) 해체

장여는 도리를 받치고 있으며 첨차·제공·소로와 맞춤되어 있다. 따라서 이들 부재는 위에서 밑으로 차례로 해체하는데 해체시 두 개로 이은 장부촉이 절단되지 않도록 한다. 장여에 상량문의 존재여부를 확인한다. 상량문이 있는 장여는 해체하여 별도로 보관하고 명문을 조사하여 기록한다.

나) 치목

상부의 도리가 납도리(각형)인 경우 두 부재가 밀착되도록 평활하게 깎고, 굴도리(원형)인 경우에는 굴도리의 하부 곡률에 맞춰 장여를 곡면으로 깎아 두 부재를 맞춘다. 장여는 주간보다 긴 부재를 구입하여 기둥과 맞춤길이를 확보해야 한다. 부재가 짧을 때 나비장으로 잇는 경우가 있으나 목재의 건조수축으로 빠져 나오는 경우가 있다.

다) 조립

장여를 길이로 이을 때는 제혀장부반턱이음으로 하고 팔작지붕에서 기둥에 맞출 때는 주먹장을 만들어 기둥에서 이탈되지 않도록 견실하게 조립한다. 맞배지붕에서 도리가 건물 밖으로 연장된 경우에는 장여도 같이 연장되어 나올 수도 있는데 밖으로 나온 장여는 이음부분이 약화되어 지붕이 처지지 않도록 해야 한다. 구조적인 결함으로 뺄목이 처진 경우에 까치발로 받치기도 하나 이런 방법은 건축공법상 옳지 않은 것이다.

8) 보

보는 지붕구조를 받치는 수평재로 구조형식과 규모에 따라 대들보·중종보·퇴보·우미량·충량 등 여러 가지로 구분된다. 이 가운데 충량과 우미량은 대들보에 직각으로 걸쳐 지붕의 하중을 분담하는 역할을 한다. 보의 형태는 고려시대의 건물에서는 항아리보의 형태가 되고 조선시대에는 키가 높은 직사각형으로 된다. 전자는 천장이 없이 연등천장이 되어 장식적인 효과를 기하려는 것이고, 후자는 천장을 설치하여 은폐되므로 장식적으로 하지 않았던 것이다. 우미량은 주심포건축에서 반홍예 형태로 매우 아름답게 제작했다. 보는 기둥·창방·도리 등과 맞추기 위해 보리 안쪽을 많이 따냄으로 인하여 단면이 매우 축소되어 있다. 기둥 위에서 무거운 하중을 받으므로 보목이 절단된 경우가 있다. 이런 상태에서 보수하여 재사용하는 것은 쉽지 않으나 버리게 되면 대형목재의 구입이 쉽지 않고 버리는 것은 문화재의 일부를 포기하는 결과를 초래하게 된다. 따라서 보는 보머리나 부식된 부분을 보수하여 재사용하는 것이 가장 좋은 방법일 것이다. 보의 일부분이 부식된 경우에는 부식부분을 긁어내고 같은 재질의 목재로 보충하는데 그렝이를 철저하게 하여 원부재와 보충부재가 밀실하게 접촉되어 이완되지 않도록 해야 하는데 이 방법이 미흡한 경우에는 철물로 충분히 보

〔도53〕 보머리 보존처리 장면(처리 후 재사용)

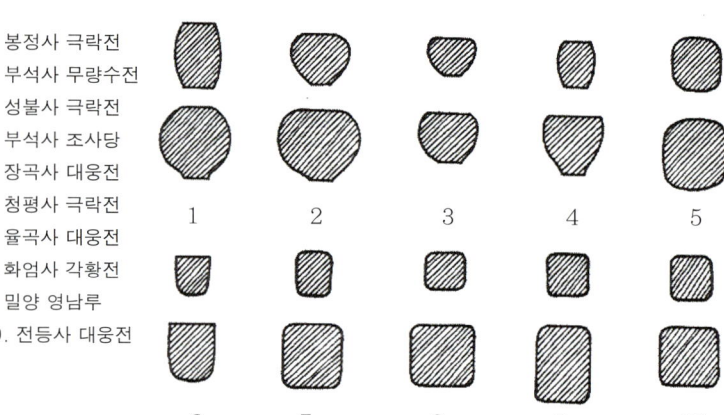

1. 봉정사 극락전
2. 부석사 무량수전
3. 성불사 극락전
4. 부석사 조사당
5. 장곡사 대웅전
6. 청평사 극락전
7. 율곡사 대웅전
8. 화엄사 각황전
9. 밀양 영남루
10. 전등사 대웅전

〔도54〕 각종 보의 단면(한국 목조건축의 기법, 김동현 저)

강해야 한다. 보강방법은 철띠로 하거나 트러스를 짜서 받치는 방법도 있다. 근래 보머리를 보수하면서 원부재와 절단된 보머리 사이에 스테인레스봉을 박고 수지로 보의 형태를 만들어 보수하는 방법을 사용했으나 이는 수지의 내구성이 문제가 된다. 새로운 방법은 원부재와 같은 목재로 절단된 두 부재를 견실하게 접속하는 것이 더 좋은 방법으로 시공되고 있다. 이와 같이 보강하여 재사용함에도 미흡한 것으로 판단될 경우에는 철골 트러스로 보강한다.

가) 해체

보는 해체시 현상을 철저하게 조사하여 부식·절단 등의 파손상태를 확인하여 재사용 보존처리 등의 방법을 강구해야 한다. 해체한 후에는 육안검사·비파괴강도 검사 등을 거쳐 보수·보강을 철저히 하여 재사용에 이상이 없도록 해야 한다.

나) 치목

보의 치목은 수평 또는 직선으로 하는 것, 홍예처럼 휜 형태로 하는 것이 있다. 보는 긴 방형의 형태로 몸체와 보머리로 구성된다. 설계마무리치수에 맞게 대패질을 한 다음 수직으로 자른 단면에 중심먹줄을 친다. 사면에 보의 규격에 맞게 먹줄을 친다. 목재면에 도끼로 겉치기를 한다. 주두·장여·도리의 맞춤자리를 먹줄로 표시한다.

먹줄에 따라 먼저 홈을 내고 도끼나 자귀로 깎아낸다. 숭어턱을 남기고 굴도리·장여·주두가 조립될 부분을 따내고 끌로 다듬는다.

보머리는 설계도를 기준으로 하여 현촌도 도안을 다시 현장제작하여 감독원의 확인을 받은 다음 치목을 한다. 보머리의 초각은 먹줄을 따라 조각끌로 새긴다.

보의 윗면은 평활하게 대패로 다듬고 밑면은 보의 중앙이 시각적으로 처져 보이는 것을 교정하기 위해 곱대로 살짝 굴려 마무리한다.

보머리는 주두·도리가 놓일 자리를 만드는데 주두의 윗면과 도리의 아랫면이 보에 밀착되어 빠져나오지 않도록 한다. 보머리 전면 부분은 아랫면에서 위로 경사지게 깎고 윗면은 게눈각으로 조각한다. 도리와 맞대어지는 보의 어깨부분은 둥글게 굴려 몸체에 수평이 되게 한다.

보가 장여·주두·도리와 맞춰지는 부분은 수장폭으로 얇게 따내게 되므로 매우 가늘어지는데 이 부분은 구조적으로 매우 취약해진다. 따라서 보머리는 끊어지기 쉽다. 보머리의 끊어짐을 방지하기 위한 보강대책은 반드시 필요로 한다. 그 대책으로는 철띠를 매립하여 단면보강을 하는 것이다.

퇴보를 평기둥에 맞출 때는 보의 끝에 장부촉을 내어 고주에 끼어지게 하는데 기둥에 산지구멍을 미리 파두었다가 산지를 끼워 보가 이완되지 않도록 한다.

보를 치목한 후에는 한지를 발라 급격하게 건조되는 것을 방지해야 한다. 급격하게 건조되는 것은 목재가 갈라져서 모양이 나빠지게 된다. 목재에 균열이 났다고 해서 기둥이 부서지는 것은 아니므로 균열이 발생되었을 경우에는 다 건조된 후에 갈라진 틈에 쐐기를 박아 마무리한다. 요즘 수지처리로 커버하는 것은 일시적인 효과는 있을지언정 오랜 시간이 경과되면 이질재로 인하여 분리현상이 발생된다.

다) 조립

보는 해체한 후에 보수·보강을 철저하게 하고 구조적인 안전도를 측정하여 이상이 없는 것으로 판정된 후에 조립해야 한다. 주심포건물과 다포건물은 기둥 위에서 공포가 짜여지고 보는 공포 위에서 보와 직각으로 놓인 제일 위의 제공에 놓인 소로에 의해 받쳐진다. 주심포의 소로는 고대양식의 보가 항아리보로 되고 항아리보 밑은 수장폭과 같이 가늘어진다. 가늘어진 보의 하단폭으로 소로의 상부를 따서 보를 받친다. 기둥 밖의 출목보머리는 수장폭으로 가늘고 도리밑의 장여 또는 행공첨차가 보와 十자로 조립되는 데 첨차와 제공이 十자로 조립되는 중심소로에 보가 놓이고 첨차의 양단에 놓인 소로는 장여 또는 행공첨차를 받치게 된다. 결과적으로 공포 위의 보머리는 첨차와 제공이 十자로 결구되면서 처마도리 주심도리 내목의 제공 위에서 도리를 받친다. 고주가 있는 경우에는 퇴량의 뒤뿌리에 장부촉을 만들어 고주에 끼어지게 된다. 장부촉은 기둥에 장부촉구멍을 미리 내어놓았다가 산지를 박아 고정한다.

(1) 보아지-조립

보아지는 기둥 사괘에 보 방향으로 끼어져 보 밑을 받치는 각재이다. 수장폭과 같고 길이는 짧게 한다. 창방, 주두, 보와 조립될 때 초각을 하는 것은 익공으로 익공도 보를 받치고 장식적인 효과를 주는 것이다. 보아지, 초각 등 장식을 하지 않고 도리집과 같은 간단한 건물에서 보를 받치는 역할을 한다. 보아지는 기둥 사괘에 통으로 끼우는데 기둥 안쪽은 수직으로, 기둥 바깥쪽은 안쪽으로 약간 경사지게 자른다.

(2) 익공 위의 보 조립

익공은 기둥·창방·주두 와 결구되어 보를 받치는 부재이다. 보는 주두·익공과 결구된다. 주두가 놓일 경우 보는 밑에 주두가 앉힐 자리를 파놓는다. 익공에 주두가 놓일 수 있게 주두의 경사도에 따라 자리를 만들어 놓는다. 익공을 설치한 후 주두를 설치한다. 주두 위에 파놓은 보걸림 자리에 보를 살며시 내리면서 눌러 앉힌다. 고주가 있을 때 퇴량의 뒷 장부는 기둥에 파 놓은 장부구멍에 촉을 끼어 넣고 촉에는 산지를 박아 고정한다.

(3) 동자주·대공·솟을합장

이 부재들은 보 위에서 용마루도리를 받쳐 지붕틀을 구성하는 것이다. 동자주는 원래 짧은 기둥의 총칭으로 보 위에 짧은 기둥을 세운 것이므로 동자주라고 한다. 대공은 동자주와 같이 용마루도리를 받치는 것으로 형태가 판으로 된 것을 판대공이라 하고, 화반의 형태로 된 것을 화반동자주, 또한 소로·첨차·대접받침 등을 조합하여 공포의 형상으로 구성되는 것을 포대공이라고 한다. 人자 형태의 대공을 人자화반동자주, 화반을 뒤집어 놓은 것과 같은 것을 복화반동자주라고 한다. 이들 동자주는 대공의 역할을 하는 것으로 그 형상에 따라 붙여진 명칭이다. 솟을합장은 용마루도리의 이동을 방지하기 위해 대공 옆에 ㅅ자 형태로 보강하는 것인데 이는 고려말 조선초기의 건축에서 사용되었다. 판대공은 널판을 두세 개로 겹쳐 높이를 조정하고 형상은 간결하다. 이들 부재는 윗면에 소로를 놓아 장여를 받치게 된다.

- ○ 동자주 : 일반기둥과 같이 수직으로 세우는데 보 윗면에 동자주의 촉구멍을 만들고 동자주의 촉이 그 구멍에 조립되게 한다. 촉은 한 장부 또는 쌍장부로 한다. 동자주는 간단한 건물에서는 단순하게 기둥을 세우나 격식이 높은 건물에서는 동자주의 밑둥에는 복화반을 동자주와 결구하고 동자주머리에는 창방과 보아지가 열 十자형태로 결구한다. 이는 동자주 위에 걸친 보와 장여 등을 강하게 긴결하기 위한 것이다.
- ○ 판대공 : 두 개 이상의 판재를 사다리꼴로 이어 올리는데 판대공은 두 부재 사이에 사각형의 촉으로 긴결한다. 창방·소로·장여·도리가 판대공을 뚫고 조립되는 경우에는 판대공을 따내고 이 두 가지 부재가 조립된다.
- ○ 화반대공 : 판대공에 파련문양이나 화반 등을 장식하는 것으로 대공 윗면에 소로를 놓아 완충역할을 하도록 한다.
- ○ 포대공 : 대들보 위에서 종보를 받치기 위해 주심포나 다포형식의 공포를 짜는 것이다. 이 대공은 고려말 조선초의 격식이 높은 건물에서 천장을 설치하지 않고 노출시킬 때 사용된다.
- ○ 솟을합장 : 직선형과 곡선형이 있는데 안동 봉정사 극락전, 영주 부석사 무량수전과 조사당, 영천 은해사 거조암영산전 등은 합장이 내반된 완만한 곡은 있으나 거의 직선형이고 예산 수덕사 대웅전, 무위사 극락전 등은 내반된 심한 곡선을 이루고 있다. 또한 서산 개심사 대웅전의 합장은 외반된 곡선으로 되어 있다. 강릉 객사문은 종보 위의 대공이 판대공으로 되어 있어 2000년 보수시에 보 단면에서 솟을합장을 설치했던 구멍을 확인하고 포대공 또는 파련대공이 어느 시기에 판대공으로 변형되었으며 솟을합장도 약화된 것을 파련대공 및 솟을합장이 있었던 것으로 고증하여 원형복구를 하였다.

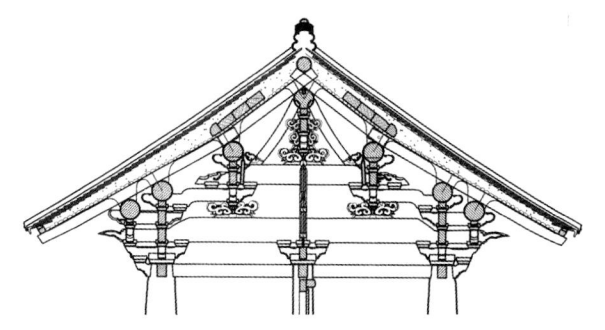

〔도55〕 강릉 객사문 단면도 보수 후(솟을합장으로 복원)

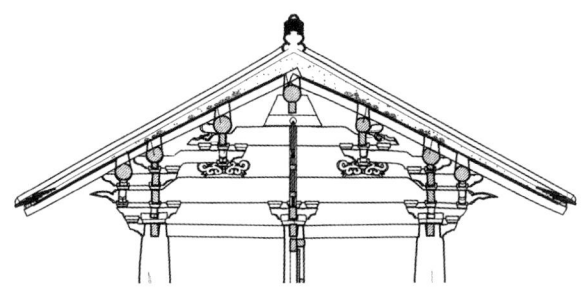

〔도56〕 강릉 객사문 단면도 보수 전(판대공 상태)

9) 도리

도리는 보 위에 걸쳐 서까래를 받치는 부재이다. 간단한 건물에는 납도리를 하고, 격식을 갖추는 건물에는 굴도리를 하는 것이 일반적이다. 도리는 종단(보방향)에서 그 배치개수로 가구(架構)형식을 정하게 된다. 즉 외목도리(외출목), 주심도리(기둥 위), 내목도리(내출목) 등으로 설치되는데 건물측면에서 보아 두 개의 기둥을 세우고 보를 건 위에 동자주를 세운 건물은 3개의 도리가 있게 되는데 이런 건물형을 3량가(三樑家)라고 하며 가장 간단한 건축형식이다. 건물의 측면 주간이 넓어지면 보의 길이가 길어져 지붕하중을 지탱하는 데 곤란하므로 기둥을 더 세워 보를 받치게 된다. 건물은 기둥·보·도리가 결구(結構)되어 골조(骨組)를 구성한다. 도리는 창건이나 중건 이후 여러 차례 보수한 관계로 그 규격이 일정하지 않고 다른 경우가 많다. 건립당시나 보수 시에 건축재정의 부족으로 여러 동의 건물부재를 조합하여 사용하는 경우에는 규격이 맞지 않거나 부실한 것이 적지 않게 사용되었다. 따라서 규격이 작은 경우에는 서까래를 걸면서 도리 윗면에 다른 목재를 덧붙이기도 하고, 짧은 목재를 받쳐 서까래를 걸기도 했다. 출목이 많은 경우 주심도리를 설치하지 않고 외목도리와 내목도리만을 걸고 서까래를 설치한 건물도 있다. 이런 현상은 대형건물에서 해체 시에 나타나는데 주심도리가 설치하지 않은 관계로 건물에 구조적인 안정을 저해하는 것인지에 대하여는 아직 밝혀지지 않고 있으나 외형상으로 보아 부실하다는 인식을 하게 된다. 구조역학적인 해석을 필요로 하는 점이다. 굴도리는 원통형으로 인식되고 있으나 귀솟음이 있는 건물에서 협간의 도리는 귓기둥 쪽으로 점차 굵어지는 형상이 있다. 귀솟음을 두는데 창방과 도리를 귓기둥 쪽에서 단면을 굵게 하여 귀솟음의 효과를 나타내기 위한 것이다.

가) 해체

도리는 건물의 좌우에서 처져 있는 경우가 많다. 앞에서 지적한 것과 같이 추녀마루와 내림마루의 지붕하중이 크게 작용하기 때문이다. 해체하기 전에 도리의 균열과 처짐상태를 실측한다. 평주도리·왕지도리·귀도리 등의 이음과 맞춤을 실측한다. 도리의 좌·중앙·우측의 단면 직경을 실측한다. 도리의 단면은 평기둥에서 귀기둥으로 가면서 귀솟음공법상 굵어지는 경우가 있기 때문이다. 나비장이음일 때 도리와 나비장의 수축으로 인한 헐거움을 조사하여 철 등의 보강방법을 강구한다.

나) 치목

납도리는 주로 장방형으로 하부 중심에서 수장폭을 제외한 부분만 반깎기를 하거나 반깎기를 하지 않은 것도 있다.

굴도리는 원형의 통나무나 각재에 X축과 Y축을 정하고 도리 지름에 해당하는 치수로 정사각형을 그린 후 몸통에도 양단면에서 이은 먹선을 친다. 4각에서 8각으로 먹선을 치고, 자귀나 도끼로 모서리를 깎는다. 다시 16각으로 깎고, 모서리는 대패로 16각의 모서리를 깎아 내어 원형으로 만든다. 평기둥도리는 보의 숭어턱에 해당하는 치수만큼 도리를 따낸다. 도리 뺄목의 왕지도리는 반턱으로 따내고 연귀로 맞춘다. 제혀장부도리는 한쪽은 끼어지는 도리를 장부 크기로 따내고, 다른 한쪽은 주먹장으로 한다. 나비장으로 이을 때는 도리 양 단면을 주먹장으로 따내고 나비장부가 끼어지게 하되 끼움자리따내기는 헐겁지 않도록 장부보다 크지 않게 한다.

다) 조립

도리는 맞배지붕에서 전후면 기둥 위에서 뺄목으로 내밀게 된다. 뺄목 위는 지붕의 내림마루가 구성되어 도리가 하중을 크게 받음으로 인하여 처짐 현상이 많다. 이 처짐 현상을 보강하기 위해 까치발이나 받침기둥을 설치하는데 외관이 좋지 않을 뿐만 아니라 건축구조상 옳지 않은 공법이다. 도리의 처짐방지를 위한 구조설계와 시공보강은 매우 중요한 사안이다. 기존의 도리를 재사용할 때 두 부재의 따낸 부분과 장부가 견고하게 긴결될 수 있는지의 여부를 확인하여 조립한다. 장부와 나비장의 수축으로 인해 서로의 맞춤이 헐겁지 않게 한다. 조립시 부재가 깨지지 않도록 무리한 힘을 가하지 말고 탄력 있게 조립한다.

상량문은 중앙간의 도리 중심에 상량문 자리를 만들어 상량문을 보관할 수 있도록 한다. 상량문을 넣지 않을 경우에는 도리밑 부분에 상량문을 써서 상량기록을 한다.

10) 연목(서까래)

○ 평연(평서까래)

연목은 건물에서 기둥·보·도리 등은 지붕을 떠받치기 위한 하부구조이며 실제 지붕을 구성하는 것은 연목부터라고 할 수 있다. 지붕을 구성하는 목부의 구성재로는 연목, 부연(겹처마), 평고대, 초매기, 이매기, 연함, 추녀, 사래, 산자, 적심, 개판 등을 들 수 있다. 지붕구조에서 가장 중요한 것은 지붕처마가 어느 정도 내밀어야 하는 것이다. 이것이 정해짐으로써 지붕의 구조는 거의 해결될 수 있는 것이다. 즉 처마내밀기(처마길이)는 일정한 기준 없이 임의로 잡는 것이 아니라 건물의 규모와 높이에 따라 일정한 기준이 있었던 것으로 풀이되고 있다.

처마는 모자의 채양과 같은 것으로 태양광선을 적절하게 조절하고 빗물이 벽면에 닿지 않도록 하는 기능이 있다는 설은 이해할 수 있을 것이나 그 기준이 문헌기록으로 남은 것이 없다. 그동안 고건축전문가가 실측도를 토대로 분석 검토하여 일정한 기준을 찾게 되었다.

우리나라의 고건물은 일반적으로 기둥뿌리에서 처마끝(연목의 선단)에 이르는 각도가 약 30도 내외인 것이 많다. 다시 말하면 기둥중심을 수직으로 초석 윗면에서 30도를 잡으면 연암의 외연과 일치하는 것이다. 처마내밀기는 지붕의 하중을 지탱해야 하므로 무한정 길게 할 수 없다. 처마를 필요한 길이로 내밀기 위해서는 부연이란 보조부재를 더한다. 건물의 귀부분에서 부연은 사래로 막음되고 서까래는 추녀로 막음된다. 추녀와 사래의 끝은 처마내밀기의 최선단이 되는 것이나 설계상 그 내밀기는 종단면에서 서까래를 기준으로 한다. 추녀와 사래는 처마앙곡과 안허리곡의 기준이 된다.

연목은 도리 위에 걸고 산자를 엮어 알매흙을 받아 지붕기와를 잇게 하는 지붕틀의 기본이 되는 부재이다. 연목은 건물의 크기에 따라 지붕면적을 구성하는데 지붕의 처마는 홑처마지붕과 겹처마지붕으로 구분된다. 홑처마지붕은 부연 없이 연목만을 걸어 지붕을 구성하는 것이고, 겹처마지붕은 연목 위에 부연을 걸어 처마를 좀 더 길게 바깥쪽으로 내밀게 하는 방법이다. 또한 건물의 종단면상 주간이 좁을 때는 단일 연목으로 하고, 주간이 넓은 경우에는 긴 연목과 짧은 연목을 두 개 이상 걸어 지붕을 받게 한다. 짧은 것을 단연, 긴 것을 장연이라고 한다.

처마는 추녀가 서까래보다 더 돌출되고 지붕평면선은 양쪽 추녀 끝에서 건물 쪽으로 곡선을 이루는데 이 현상을 처마안허리곡이라고 한다. 이 곡은 귀기둥에서 첫 번째 평기둥까지는 처마가 점차 안으로 휘어지다가 다음 기둥부터는 직선으로 되는데 건물의 규모에 따라 조금씩 다르게 나타난다. 사모지붕, 육각지붕, 팔각지붕 등은 처마앙곡과 같이 내반된 곡선으로 안쪽으로 휘어진 곡을 이룬다.

서까래는 주칸의 중심에서 좌우로 일정한 간격으로 배열된다. 서까래의 굵기는 도리를 중심으로 도리중심부가 가장 굵고 다음은 서까래면이며 도리중심에서 건물내부의 끝면이 가는 순서이다. 서까래는 통나무에서 치목되는데 치목할 때 앞에 설명한 것과 같이 인위적으로 형태를 만들어 치목한다.

서까래 단면은 우리나라는 둥근서까래가 원칙이고 부연은 사각형으로 하는데 일본은 서까래와 부연이 다 같이 사각형이고, 중국은 둥근형이나 파이프와 같이 직선적이다. 일본건축에 둥근형의 연목도 있으나 고대건축에 나타나고 근세건축은 대부분 사각형이다. 서까래 면의 절단은 평서까래는 상단에서 하단으로 서까래 방향과 직각으로 깎는다. 건물전면에서 서까래면이 정면으로 보인다.

평서까래의 단면은 처마 쪽은 원형이나 건물내부 쪽은 장방형으로 깎고 옆면을 납작하게 만들어 연침구멍을 뚫어 둔다. 연침은 칡넝쿨·싸리나무·대나무쪽 등이 사용되었으나 근래는 연정이 양산되어 연침을 사용하지 않은 경우도 있다. 선자서까래의 단면은 도리의 바깥쪽은 둥글게 만들고 도리 안쪽은 도리 중심에서 끝으로 납작하게 깎는데 이는 선자연의 옆면

끼리 밀착되게 하기 위한 것이다. 평서까래의 설치는 연침을 박았으나 근래는 연정(서까래못을 박음)을 박아 고정하는데 고정위치는 내목도리에 하고 외목도리에는 모든 연목에 연정을 박지 않고 서까래를 3~4개 걸러 한 개씩의 연정을 박는다. 이는 지붕기와를 잇는 과정에서 서까래가 제자리를 찾아 안정될 때까지 유보해 두는 것이다. 선자연의 고정도 같은 방법이며 다만 서까래 뒤뿌리는 긴 못을 박아 고정하고 꺽쇠 등으로 보강하여 들뜨지 않도록 한다.

단연은 오량이상의 가구구조에서 장연과 단연을 겸하여 사용한다. 단연은 내목도리와 지붕도리 사이에 설치되는데 길이는 비교적 짧은 것이다. 장연과 단연의 결속은 장연의 뒷뿌리와 단연의 앞뿌리를 납작하게 깎고 연침구멍을 뚫어 연침으로 결속시키는 것이 옛날 방법이었으나 근래는 연정을 박아 고정시킨다. 장연과 단연은 서로 엇갈리게 배치하고 도리 위에서 돌출되게 하여 적심도리를 받치는 데 부족함이 없어야 한다.

팔작지붕이나 우진각지붕은 추녀에 의해 앙곡과 추녀내밀기가 정해지면 서까래는 전면중심에서 양쪽 추녀 쪽으로 가면서 처마곡선이 점차 높아지는데 이 현상을 처마앙곡이라고 한다. 이 곡은 일률적으로 내반된 곡선을 형성하는 것과 선자연은 내반된 곡선으로 하고 평서까래는 수평으로 하는 경우가 있다. 사모지붕·육각지붕·팔각지붕 등의 모임지붕은 서까래가 모두 선자연이 되므로 처마 전체가 내반된 곡을 이룬다.

○ 선자연

팔작지붕이나 우진각지붕은 모서리에 추녀가 걸리고 추녀 좌우로 거는 연목은 추녀 끝을 정점으로 하여 부챗살처럼 펼쳐진다. 이것을 선자연이라고 한다. 선자연은 건물의 격식에 따라 말굽선자연과 선자연으로 구분된다. 말굽선자연은 추녀 옆 볼에 연목의 끝을 빗변으로 거는 것이고, 선자연은 추녀 뒤 뿌리를 정점으로 부채살과 같이 바깥쪽으로 펼쳐지게 거는 것이다. 맞배지붕은 추녀가 걸리지 않으므로 선자서까래는 설치되지 아니한다. 선자서까래는 막장에서 초장으로 가면서 추녀와 부챗살형으로 배열되어 사각을 이루게 되므로 서까래면도 서까래와 직각되게 깎는다. 처마선과 평행되게 깎는 것은 잘못된 시공이다. 평서까래의 곡선형태는 직선형태와 약간의 곡이 있는 것이 있다. 평서까래는 직선형이고 선자서까래는 곡선형이 사용된다. 선자서까래는 추녀와 맞추어 처마앙곡을 잡아야 하므로 곡선형으로 하는데 처마면에서 도리까지는 직선형이고 도리에서 추녀끝 쪽은 약간의 곡이 있는 것을 사용해야 한다. 직선형일 때 추녀곡을 잡는데 잘 맞춰지지 않기 때문이다.

가) 해체

연목은 지붕기와에서 누수가 될 경우 가구구조에서 가장 먼저 습기에 닿게 되며 기와를 잇기 전에 습기가 있는 알매흙을 올리고 강회다짐을 할 때 습기를 포함하게 되어 서까래 등이 많이 부식되어 있다. 부식정도에 따라 재사용가능한 것도 있을 수 있으나 조금만 부식된 것도 제거하여 불용재 처리하는 경향이다. 옛 건물의 서까래는 자연상태의 목재로 대부분 굴곡이 있고 정연하지 못한 것이었으나 근래 보수하면서 제재한 각재를 연목으로 사용한 결과 서까래의 형태가 변형되고 부재가 새 것으로 바뀌었다. 이와 같은 보수과정은 문화재의 원형을 크게 잃어가고 있는 실정이다. 어떻게 하면 기존의 서까래를 재사용할 수 있는지에 대한 대책이 필요하다. 서까래 등이 부분적으로 구조안전에 지장이 없는 정도일 경우 보수 또는 수지처리 및 보강방법을 검토하여 재사용할 수 있는 공법이 모색되어야 할 것이다. 예를 들면 서까래 등이 썩었을 때 썩은 부위를 긁어내고 수지처리를 하거나 단면이 약화되어 불안전한 경우에 철대를 덧대어 보강하는 방법이 있을 수 있을 것이다. 기둥 밑둥에 동바리이음을 하거나 수지처리를 하는 것과 같은 이치이다. 이설로는 기왕에 해체보수할 바에는 완전하게 신재교체를 주장하는 논리도 있을 수 있을 것이나 문화재보존의 가장 기본적인 원리는 원형과 원부재의 보존인 점을 고려해야 할 것이다.

해체 이전에 설치위치를 번호표로 표시하여 조립시 원위치에 복구할 수 있도록 한다. 부재별로 보수시기, 목재의 재종과 재질, 치목방법과 정도(사용도구), 설치방법, 길이의 변형, 면의 시공상태, 처짐상태, 이완, 연침과 연정, 단청문양과 채색상태 등에 대한 실측 조사를 한다. 해체 시에는 서까래가 더 이상 훼손되지 않도록 조심스럽게 작업한다. 이완·부식상태를 정밀조사하여 사용재와 불용재를 구분한다. 보수·보강이 필요한 부재는 사전에 처리하여 재사용할 수 있도록 대비한다.

나) 치목

서까래의 치목은 보수의 경우 기존의 것을 조사·분석하여 표본을 정한 후 필요한 개수를 치목한다. 자연수형의 연목재를 구입하여 사용토록 한다. 재종은 내구성이 강한 육송으로 하며 구입이 어려워 부득이한 경우에는 육송종류로 하되 시험을 거쳐 기존 강도 이상의 것을 사용해야 한다.

서까래의 치목은 보수의 경우 기존의 부재를 도면화하여 같은 크기와 모양으로 치목하는데 기존의 부재가 보수시마다 다르게 하여 여러 형태와 규격으로 되었을 때 혼란이 있게 된다. 시기를 기준으로 할 것인지, 형태를 기준으로 할 것인지에 대한 검토가 필요하다. 문화재보수는 건립 또는 중수 시의 상태를 기준으로 하는데 장인마다 각자의 수련과정에서 배운 대로 하려는 경향도 없지 않다. 도면은 축척으로 되어 있어 상세도와 현촌도를 다시 작성하여 시공하기 전에 전문가의 확인을 거쳐야 한다.

신축의 경우 설계도에 따라 치목을 하게 된다. 치목하는 방법은 장인에 따라 지역적으로나, 사사받은 방법에 따라 다를 수가 있는데 기능이란 배운 대로 익힌 것으로 쉽게 벗어날 수 없는 것 같다. 설계도면이나 시방서가 제시되어도 기능자는 자기가 배운 대로 치목을 하고 만다. 결국 양식이나 방법으로부터 벗어나게 되는 것이다. 치목의 기법은 건축시대와 양식에 따라 다르다는 것을 잘 이해하고 세심한 주의를 기울여야 한다.

서까래의 치목은 서까래 개개의 깎는 방법, 절단하는 형식도 중요하지만 처마앙곡선에 따라 곡을 잡는 것은 매우 중요하다. 곡을 잘못 잡았을 때 선자연 위부분이 곧바르지 못하고 처지게 보이는 현상이 나타난다. 이런 현상이 나타나지 않도록 하기 위한 공법으로 서까래좌판이란 설비를 사용한다. 이 좌판은 대형신축공사현장에서 대목장은 사용하지만 소형현장에서 경력이 짧은 목수는 사용방법을 잘 알지 못한 실정인 것 같다. 좌판에 대한 설명은 다음과 같다.

좌판은 서까래 길이보다 더 긴 목재를 길이로 눕히고(모판) 서까래의 지름에 해당하는 눈금을 그린 기준틀을 그림과 같이 세운 것이다. 긴 모판에는 서까래가 도리와 만나는 지점에 서까래끝선, 주심도리지점, 내목도리지점 등을 각목으로 표시한다.

○ 긴서까래(장연)의 치목

원목을 좌판 위에 앉힐 수 있게 대패질을 한 후 중심먹을 친다. 연목의 밑둥이 연목마구리가 되게 좌판 위에 놓고 외목과 내목의 기점을 표시한 후 휘어진 정도에 따라 번호를 붙인다. 좌판 경사에 맞추어 서까래마구리 경사를 그린다.

먹줄에 따라 서까래마구리를 자르고 대패로 다듬은 후 서까래마구리 지름에 해당하는 원을 그린다. 먹줄에 따라 자귀나 대패를 이용하여 초벌깎기를 한다.

서까래 끝은 보통 서까래 내민치수의 1/3 지점에서 조금 후려 깎는다. (서까래 굵기의 1/10 정도로 후린다). 서까래 마구리의 후림은 면이 몸통보다 가늘게 하여 건축미를 나타내려고 하는 것이다. 그런데 근래 기존의 서까래에 후림을 두지 않고 마구리를 잘라낸 것이 드물게 나타나 이것이 원형인 줄로 잘못알고 기존 것과 같이 후림을 두지 않거나 아주 약하게 하여 후림이 없는 것과 같이 보이게 하는 경우가 있다. 근래 보수하면서 후림을 두지 않은 것은 목재가 부족했던 때, 연목은 반드시 육송을 사용해야 하는데 규격에 맞는 육송을 구하지 못하고 가는 연목을 사용한 결과 후림을 두면 설계치수보다 작아지는 것을 우려하여 가는 부재를 그대로 사용한 데 원인이 있었던 것으로 보인다. 후림은 고대 건축에서 더 크게 나타나고 조선시대 후기로 내려오면서 작게 나타난다. 면의 수직 절단도 고대에서 예각이 되고 후대에서 거의 직각으로 나타난다. 따라서 고대건축은 부드러운 느낌이 드나 후대건축은 투박하게 보인다. 이와 같은 현상은 부연·첨차 등에서도 같은 것이다.

서까래 뒤뿌리는 단연과 만나는 부분에서 서로 엇갈려 물릴 수 있도록 양볼을 수직으로 평평하게 따낸다.

서까래는 도리 위에서 누리개적심을 받치는 것이므로 뒤뿌리가 짧아지지 않도록 길게 한다. 기존의 건물에서 서까래 뒤뿌리가 짧아 도리 상단 밑에 처지게 시공된 것은 재목을 짧게 쓰거나 짧은 연목을 그대로 사용한 때문이며 이런 시공은 옳지 않은 것이다.

서까래의 뒤뿌리에는 연침을 꽂을 수 있는 연침구멍을 미리 파놓아야 한다.

ㅇ 짧은 서까래(단연)의 치목

짧은 서까래는 곡이 없으므로 원형 깎기와 동일하게 깎고 긴서까래와 맞닿는 부분은 양볼을 수직으로 평평하게 따내어 긴서까래 뒤뿌리와 밀착되게 한다.

짧은 서까래는 마루도리 위에서 누리개적심을 받는 것이므로 길이가 짧지 않도록 길게 한다. 기존의 건물에서 서까래 뒤뿌리가 짧아 도리 상단 밑에 처지게 시공된 것은 재목을 짧게 쓰거나 짧은 연목을 그대로 사용한 때문이며 이런 시공은 옳지 않은 것이다.

짧은서까래의 뒤뿌리에는 연침을 꽂을 수 있는 연침구멍을 둥글게 미리 파놓아야 한다.

다) 조립

해체 및 치목할 때 미리 조립위치를 표시한 번호표를 확인하여 그 위치에 따라 조립한다. 도리 위에 서까래의 조립위치를 표시하여 그 위치에 서까래나누기를 한다. 선자서까래는 왕지도리에 조립된 추녀의 끝 점을 기준으로 하여 서까래나누기를 한다. 서까래는 먼저 추녀를 건 후에 추녀의 곡에 따라 선자서까래를 먼저 건 후에 평서까래를 조립한다. 선자서까래는 평서까래 보다 더 길고 단면도 크며 곡선재이다. 이 서까래는 건물의 네 귀에서 처마앙곡을 들어올리기 위하여 놓은 갈모산방 위에 설치된다. 서까래의 길이는 설치한 후에 마구리면을 잘라 마감하게 되므로 그 길이는 여유를 두어야 한다.

선자서까래는 건물의 귀 쪽에 선자서까래 나누기를 하고 조로평고대를 먼저 설치하여 처마곡선을 잡는다. 조로평고대가 설치되면 평고대 밑선에 선자서까래의 설치위치를 정하고 처마곡선을 확인하여 고정한다.

추녀 옆에 거는 초장은 반원형이 아니고 선자연 마구리면의 2/3 정도에 해당하는 원으로 한다. 원형의 1/3 정도는 추녀의 양볼에 붙여질 있도록 하기 위해 평활하게 깎아낸다.

서까래를 다 건 후에는 그 단면은 경사지게 자르는데 마구리면이 서까래와 직각이 되게 자른다. 일본이나 중국건축에서는 마구리면이 조로평고대와 평행으로 자르는데 이는 우리나라의 공법과 다른 것이다. 후자는 우리나라 건축양식상 맞지 않을 뿐만 아니라 보기에도 좋지 않다.

서까래의 크기는 설계도상 마구리면의 치수를 표기한다. 마구리면은 목재의 입목상태에서 밑둥의 지름이 굵은 것이나 가늘게 치목한 것이다.

라) 좌판

○ 장연을 치목할 때 좌판(座板)이라고 하는 기준틀을 사용한다.

○ 좌판은 연목의 위치와 선단의 절단각도를 정하는 데 기준을 잡기 위해 사용된다.

○ 좌판은 선대와 받침대로 구성된다. 경복궁 홍례문 현장에서 사용하는 좌판은 다음과 같이 구성되어 있다. 선대는 높이 78cm, 폭 43cm 의 판재이며 가운데 구멍을 내고 밑에서 5cm를 띄우고 21cm 높이에서부터 0.9cm 간격으로 30등분하였다. 21cm 는 연목의 직경을 표시한 것이다. 선대는 수직이 아니고 후측으로 약간의 경사를 두었는데 그 경사도는 연목직경의 10분의 1을 둔다. 연목의 지름이 21cm 일 때 2.1cm를 기울게 한다.

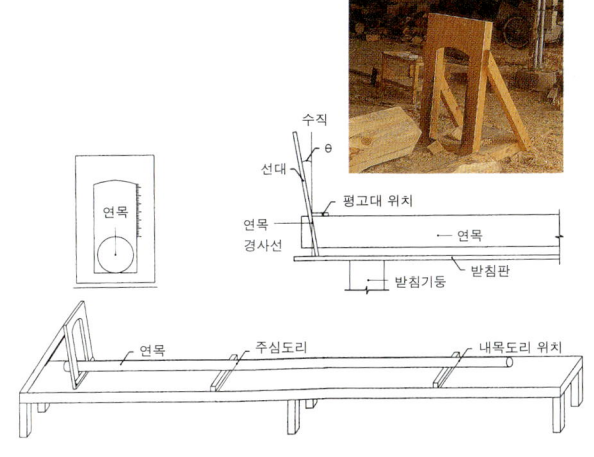

〔도57〕 서까래 좌판

○ 받침대는 연목의 길이에 따라 길이를 정한다. 홍례문의 경우 받침대의 길이는 5.3m이고 폭은 0.35m로 하였다. 받침대에는 외목도리 · 주심도리 · 내목도리 등의 중심선을 표시한다.

○ 연목을 치목할 때 연목을 선대의 구멍에 넣어 놓고 연목 위에 평고대선 표시 자를 대고 평고대선을 긋는다.

마) 평연과 선자연의 배치

○ 평연은 선자연과 구별되는 것으로 평연은 중앙의 어간과 협간의 선자연 이전까지 수평으로 걸어 대는 것이고 선자연은 좌우의 평연이 다음부터 추녀까지 앙곡을 두기 위해 막장부터 추녀 옆에 거는 초장까지의 사이에 거는 연목으로 추녀를 먼저 걸고 추녀의 높이만큼 쳐들어 올려 건다. 귀솟음으로 귓기둥이 평기둥보다 약간씩 높게 잡아 놓고 앙곡을 더하기 위해 선자연 밑에는 갈모산방이라고 하는 받침목을 덧대어 두고 갈모산방 위에 선자연을 거는 것이다.

○ 평연의 간격은 보통 1자(척)로 배열하고 선자연의 중심간격은 1자이나 측면으로 붙여 대기 때문에 거의 붙은 형상이다. 선자연은 내목의 외기에서는 한 점에 모이고 외부에서는 부챗살처럼 펼쳐진다. 평연과 선자연은 외형상으로 직선재인 것처럼 보이나 실제는 약간의 곡선을 이룬다. 특히 선자연은 추녀와 같은 곡면을 이루어야만 처마앙곡을 잡을 수 있다. 선자연의 곡면은 중앙간에서 귀쪽으로 가면서 점차 높아지는 곡면을 이루는데 이 곡면은 조로평고대를 설치하고 이 부재의 곡면에 따라 선을 잡게 된다.

○ 연목 선단의 절단은 연목의 길이 방향과 직각이 되도록 하고 처마와 평행으로 하는 것은 잘못된 것이다.

11) 개판

연목 위나 부연 위를 덮어 기와를 잇게 하는 것으로는 개판과 산자가 있다. 서까래 위를 덮는 널판을 서까래개판, 부연 위를 덮는 널판을 부연개판이라고 하며, 널판을 덮지 않고 산자를 엮어 덮는 것을 산자엮기라고 한다. 개판 위에 산자엮기를 더 하는 것도 있다. 개판은 고급건물에 사용되고 민가 등 하급건물에 서는 산자엮기를 한다. 개판은 서까래나 부연의 길이와 평행으로 설치하고 산자엮기는 서까래와 부연과 직각방향으로 엮는다.

가) 해체

대패로 정교하게 할 필요 없이 거친 면을 그대로 사용해도 좋으나 밑바닥은 노출되고 단청의 바탕이 되므로 대패질을 한다. 개판의 폭은 서까래와 부연의 중심폭과 같게 하여 개판 사이가 벌어지지 않고 맞붙게 한다.

나) 조립

○ 서까래개판은 평고대에 턱솔을 파고 개판을 반턱따기를 하여 턱솔에 끼어 맞추어 있다. 개판은 서까래나 부연에 못을 박아 고정된 것이므로 해체시 이들 부재에 손상이 가지 않도록 조심스럽게 해체한다.

○ 서까래개판은 설계에 따라 짧게 처마서까래에 한정해서 까는 것과 단연까지 지붕 전체를 덮는 것이 있다. 부연개판은 초매기를 약간 벗어나게 까는 것이 일반적이고 부연 뒤뿌리까지 전체적으로 까는 것도 있다. 선자연 및 부연선자 위에 서는 서까래보다 너비가 넓은 경우도 있으므로 이에 충분한 너비가 되도록 한다.

다) 덧서까래

서까래 위에는 산자를 엮고 저심을 올려 지붕물매를 잡는데 보토흙을 매우 두텁게 포설하게 되는데 이 흙의 무게가 과다하여 지붕하중을 지탱하는 데 무리가 따르게 된다. 이런 점을 보완하기 위해 보토흙을 줄이고 그 대신 덧서까래를 설치하는 경우가 있다. 이런 방법은 전통건축구조의 형식은 아니지만 건축의 안정성을 고려하여 불가피하게 취한 조치이다. 이 방법에 대하여 가부의 논란이 있으며 건물의 내구성을 보장하기 위해서는 다른 방법(재료하중경감 및 보강방법의 개선)이 개발될 때까지 한정적으로 사용되어야 할 것이다.

12) 부연

부연은 처마내밀기가 길 때 연목 위에 부연을 설치하여 지붕을 구성한다. 서까래가 추녀옆구리에 초장이 조립되는 것과 같이 부연은 추녀 위의 사래에 초장이 조립된다.

부연은 궁전의 정전, 사원의 금당, 관아 또는 민가의 본당, 문루 등과 같이 위계상으로 우위의 주된 건물에 사용되며 승방·행랑·행각 등과 같이 위계가 낮거나 거주공간이 아닌 부속건물에는 설치하지 않은 것이 전통이었으나 최근에는 격식을 관계하지 않고 부연을 다는 경향으로 이는 건축제도상 잘된 것은 아니다. 건물규모가 크고 높은 것에는 처마가 길게 나가는데 서까래를 너무 길게 빼면 서까래가 절단되거나 지붕의 처마가 처지게 된다. 처마 내밀기를 보완하는 방법으로 부연을 설

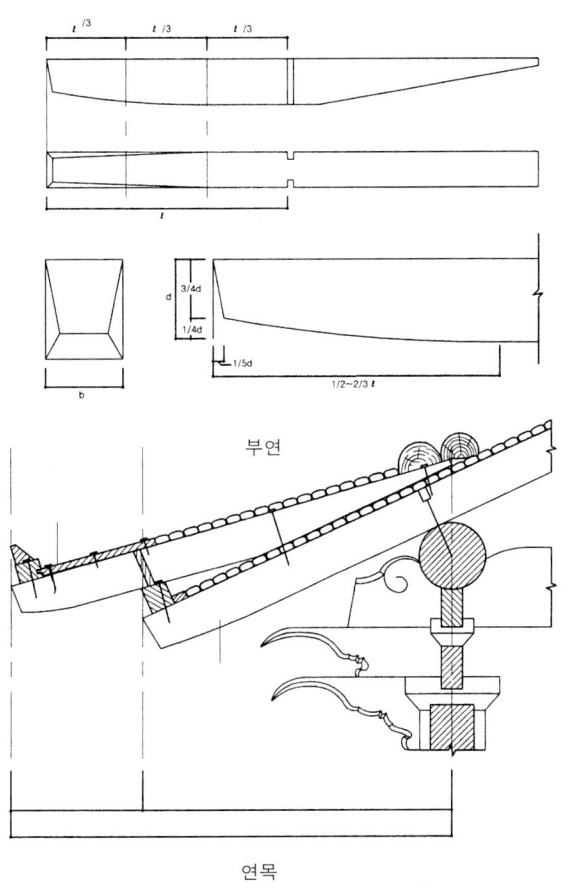

〔도58〕 부연도(목조건축, 장기인 저)

치하는 것이다. 부연의 형태는 사각형으로 폭보다 높이를 약간 크게 한다. 부연의 밑바닥면은 서까래와 같이 옆면에는 후림을 두고, 양옆 볼도 길이로 후림을 마구리면도 서까래와 같이 경사지게 깎는다. 부연제작 시 주의할 점은 목재를 절약하기 위해 한 부재를 대각선으로 쪼개어 두 개의 부연을 만드는 것은 금물이다. 이렇게 부연을 만들면 길이가 한정되어 부연의 지탱이 제대로 될 수 없다. 그러므로 부연은 한 부재에서 한 개의 부연을 만들거나 설계규격보다 상당히 큰 목재를 반입하여 두 개의 부재를 만들어야 한다. 전에 목재의 구입이 쉽지 않고 공사비가 부족했던 시기에 보수 또는 신축한 건물을 후에 보수하면서 부연이 짧아진 것을 볼 수가 있는데 이런 경우 짧은 부연을 신재로 교체 보수하게 된다. 신재로 교체하는 것은 문화재의 일부를 제거해버리는 결과를 초래한 것이다. 기존의 부재가 누수 또는 시공 시 강회다짐에 의한 습기, 목재의 비건조 등의 원인으로 부식된 현상이 있다. 이 때 부연을 송두리째 교체하려고 하는 데 부연의 재사용가능성이 있으면 보수보강하여 재사용하는 공법을 강구해야 한다. 서까래의 보강방법과 같이 부연 등에 목재 또는 철대로 보강하는 공법을 검토하여 시공한다.

부연은 부연 나누기를 먼저 하고 선자서까래 위의 부연은 서까래 위의 평고대(초맥이)에 부연정을 박아 고정한다. 선자서까래 위의 부연은 조로평고대를 먼저 설치하여 처마곡선을 잡은 다음에 조로평고대의 밑선에 맞추어 설치한다. 부연의 옆면에는 부연착고(부연개판) 자리를 따둔다.

가) 해체

조로평고대와 부연의 처마곡선을 실측하여 처짐과 변형여부를 조사한다. 부연은 각기 다른 별개의 부재로 만들어야 하는데 근래 각재를 둘로 나누어 짧게 시공된 것이 있으므로 현황을 조사하여 재사용 여부를 판단한다. 부연의 뒤뿌리가 짧은 것은 지붕의 처마하중을 받는 데 약해서 처지는 경우가 있다. 해체는 부연정을 뽑을 때 무리한 힘을 가하여 파손되는 일이 없도록 한다. 기존의 고재와 근래 보수한 신재를 조사하여 재사용여부를 판단한다. 부연의 규격과 후림을 조사 기록한다. 해체하기 전에 부연의 위치를 표시한 번호표를 확인하고 조립시에 원위치에 할 수 있는 위치표시를 번호표로 해 둔다. 보수시 치목할 도면을 작성하고 견본을 만들어 둔다. 부식이 심한 마구리면에는 보존처리 또는 목재를 충전하여 보강한다. 보강한 부분은 떨어지지 않도록 충분히 견고하게 한다.

나) 치목

보수시 해체 조사한 자료를 근거로 현촌도를 작성하고 후림, 마구리면 경사도, 길이 등을 정하여 견본부연을 만들어 둔다. 특히 짧아진 부연은 적정한 길이로 제작할 기준을 정하여 치목한다. 보존처리 및 보강한 부연은 상태를 확인하여 조립에 대비한다. 펴부연은 직선이나 선자부연은 선자서까래와 같이 선자서까래가 받쳐지는 도리 위에서 안팎으로 곡선을 지운다. 마구리면의 절단은 기준먹줄을 그어두었다가 조로평고대에 맞추어 절단한다. 절단단면은 부연길이방향과 직각되게 한다(평고대와 평행으로 한 것은 잘못된 것임). 부연 옆면 볼에 부연개판 조립자리를 미리 만들어 둔다.

신축시 부연의 길이는 단일부재를 두 개로 갈라 두 개의 부연을 만들지 말고 한 개의 부재에서 한 개의 부연을 만들거나 부연규격보다 큰 목재를 구입하여 소정의 길이로 치목한다. 치목시 부연조립위치를 표시해 둔다.

다) 조립

사래에 조로평고대를 처마곡선에 맞도록 미리 설치한 다음에 부연조로평고대 밑에 부연을 가조립한다. 조로평고대선을 확인하여 부연을 조립한다. 조로평고대선은 처마안허리곡과 앙곡선을 함께 잡아 둔다. 설계도면에 표기된 조부연의 위치를 표시하고 부연나누기를 한다.

고대부연의 착고자리는 사래곡에 따라 제각기 그 위치와 경사도가 달라진다. 부연 옆 볼에 경사도에 따라 부연착고를 끼울 자리를 먹줄로 그어두었다가 착고 홈을 판다. 선자형부연(고대부연) 초장을 철못으로 박아 고정한다. 이후에 평고대에 철정을 막아 부연을 고정한다.

부연을 조립한 다음에 부연의 길이 방향으로 개판을 간다. 부연 뒤뿌리는 선자 서까래와 같이 길게 정점을 만들지 아니한다.

13) 추녀

추녀는 팔작지붕, 우진각지붕, 모임지붕의 귀에 설치하여 지붕을 구성하는 부재이다. 추녀는 곡선을 잡아야 하므로 자연상태에서 휘어진 재목을 선별하여 현장에 반입한다. 근래 추녀감이 많지 않아 각재를 추녀형태로 치목하여 사용하는데 이는 구조상 안전하지 못한 것이다. 추녀는 지붕하중을 건물의 네 귀에서 집중적으로 받아 귀기둥에 전달하는 부재로 대들보와 같이 매우 중요한 역학적 기능을 갖고 있다. 추녀내밀기가 귀기둥 중심에서 뒤뿌리쪽 보다 길게 내밀게 되면 처지는 현상이 발생한다.

가) 해체

○ 해체하기 전에 추녀의 부식상태, 경사도, 처짐상태 등을 조사한 후에 해체한다.

○ 해체한 후에는 정밀 실측조사를 한다.

○ 부식부분을 긁어내고 같은 재질의 구부재를 선별하여 충전재로 사용한다. 기존 원형과 같게 치목해 두었다가 조립한다.

○ 부식부분의 보강은 부재 속에 스텐레스와 같은 철재를 철물을 삽입하여 견고하게 한다.

나) 치목

○ 신재는 기존의 부재와 같은 재질 및 형태(곡선)의 것을 선별한다.

○ 미리 보수 보강한 부재는 접착력과 안전도를 확인한다.

○ 사래와 맞춤자리의 촉 구멍을 미리 파둔다.

○ 끼움촉은 추녀와 같은 재질, 강도, 건조도의 것을 사용한다.

다) 조립

o 내목도리 왕지짜기 위에 뒤뿌리를 걸치게 하고 외목도리를 왕지로 짜고 왕지 중심부에 추녀가 걸치도록 한다. 큰 건물에는 귀고주를 두어 추녀 뒤뿌리가 귀고주에 꽂혀지게 한다. 추녀가 건물 바깥쪽에서 내민 경사도는 수평 이상으로 도리의 윗면보다 위로 쳐들려 처마 앙곡에서 연결되는 곡선과 일치되면서 쭉 뻗친 현상이 되게 한다.

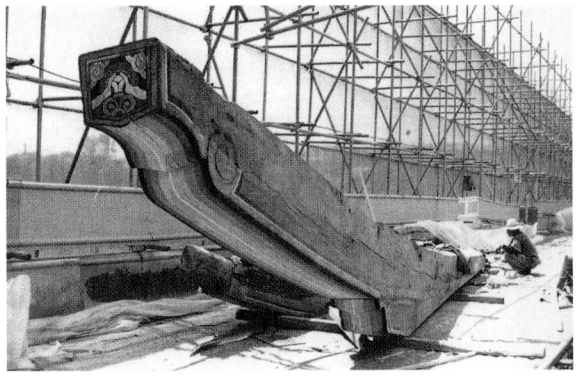

〔도59〕 경복궁 경회루 추녀 상세도

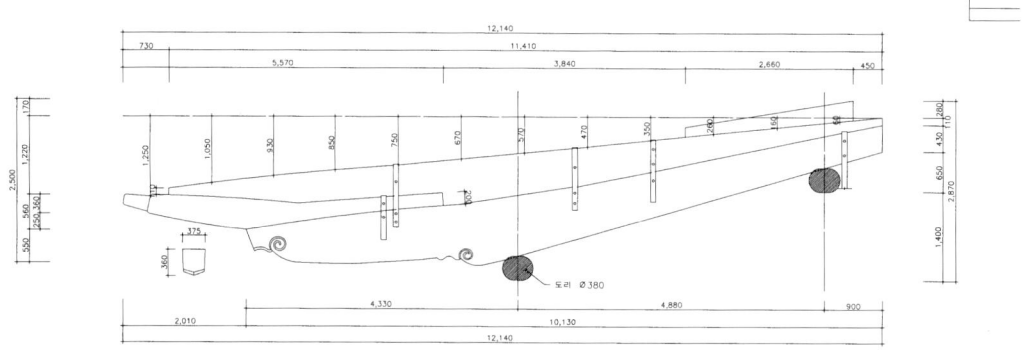

〔도60〕 경복궁 경회루 추녀 상세도

o 추녀는 건물 밖으로 돌출되고 지붕 하중을 많이 받으므로 뒤뿌리가 들리거나 앞쪽으로 처지는 현상이 발생되기 쉽다. 따라서 거대한 적심목으로 누르고, 강다리를 조립하여 뒤뿌리가 밑으로 처지지 않도록 한다.

o 추녀는 지붕의 누수가 쉽게 접하는 부분으로 부식된 경우가 많다. 특히 회첨추녀는 누수가 많이 되는 곳이다. 동판을 깔아 누수를 방지하는 것은 필수적이다.

o 추녀가 처져 있거나 처짐방지를 위해 활주를 설치하는데 이는 조립과정에서 철저하게 보강하여 처짐이 발생되지 않도록 하고 가급적 활주는 설치하지 않아야 한다.

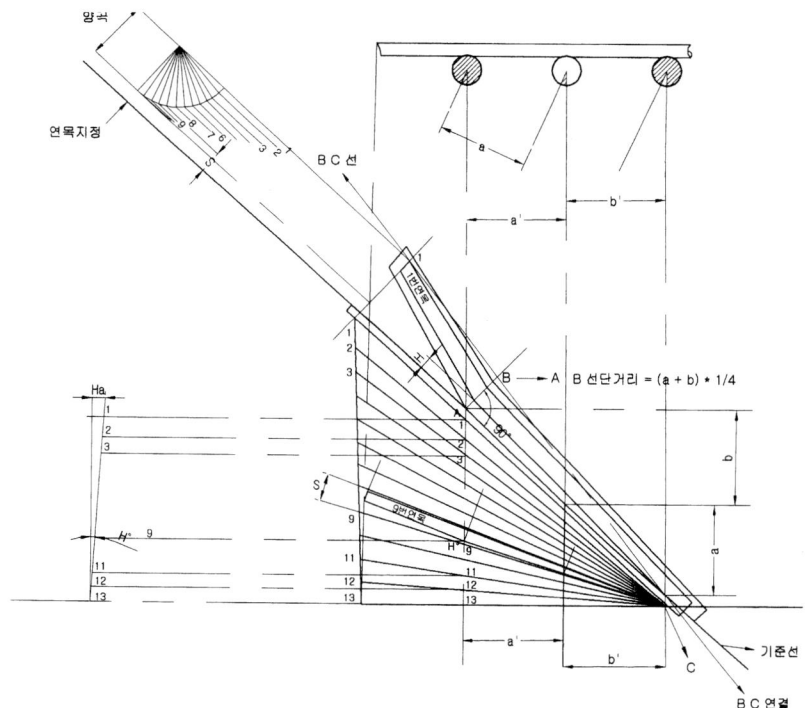

[도61] 추녀와 선자연도(김동현 저, 한국목조건축의 기법에서 전재)

14) 사래

사래는 팔작지붕, 우진각지붕, 각형지붕(사모, 육모, 팔모 등)의 네 귀에서 부연을 거는 겹처마지붕에서 추녀 위에 조립한다. 사래의 형태는 추녀와 같이 처마의 곡을 잡아야 하므로 곡선재를 사용한다. 추녀가 처마하중을 많이 받는 것처럼 사래도 많이 그 하중을 받는 부재이다. 지붕처마 구성에서 추녀의 내민 길이를 무한대로 할 수 없기 때문에 사래를 덧대어 추녀 내민길이를 더할 수 있게 한다. 따라서 사래도 추녀와 같이 곡선을 이루게 하는데 외목도리에서 빠져 나온 추녀마구리에 사래의 중간 부위가 걸치게 하고 사래머리는 공중으로 쳐들어 올라 가게 한다. 추녀는 외목도리에서 약간 처진 듯 하향 경사를 지으나 사래는 상향으로 경사지게 한다. 사래가 하향으로 처지게 하는 것은 잘못된 것이다. 의장적으로 사래마구리에 용문양의 토수를 끼우는데 용이 하향한 것은 승천과는 반대의 의미로 잘못된 것이다. 사래의 폭과 높이는 추녀를 보완하는 것이므로 추녀와 거의 같은 규격으로 하되 길이는 추녀보다 짧은 것을 사용한다. 사래 아랫면에는 평고대(초맹이)가 결구되고 윗면에는 부연평고대(이맹이)가 결구되므로 그자리를 만들어 둔다. 추녀와 사래는 두 부재가 맞닿는 곳에 축을 끼워 긴결한다. 촉만으로 불안전한 경우에는 꺽쇠, 철대 등 철물로 보강한다. 사래 뒤뿌리는 무거운 누리개적심으로 눌러 뒤뿌리가 들뜨지 않게 한다.

가) 해체

 사래 위의 누리개적심을 걷어내고 사래의 경사도, 처진 정도, 부식, 갈램, 명문기록 등의 현상을 조사 기록한다. 사래는 사방의 위치를 표시한 후 해체하여 복원시 제자리에 있도록 한다. 추녀와 결구된 촉을 부러지지 않게 조심스럽게 해체한다. 재사용가부를 분석하고 부식 균열된 부위에 보수방법을 강구하여 보존처리를 한다. 사래는 중년에 보수할 때 지붕 속에 은폐된 곳에 있어 헌 부재나 모양이 불량한 목재를 사용한 것이 있다. 이 부재가 구조안전상 문제가 없는 경우에는 재사용하는 것이 좋다. 근래 추녀 사래와 같은 자연곡재의 구입은 매우 어려운 실정이기 때문이다. 뒤뿌리가 상한 것이라도 누리개적심이나 철물 등으로 보강하면 사용이 가능하다.

나) 치목

 사래는 추녀와 같이 추녀마구리면에서 처마 바깥쪽으로 상향하여 후림을 둔다. 설계도면상 추녀와 사래는 축척(축소된 도면)으로 그려지고 상세도가 잘 도시되지 아니한다. 따라서 현장에서 현촌도를 그려 치목에 임하게 된다. 기존의 건물을 보수할 때 수리가 가능한 것은 수리하고, 재사용이 곤란한 것이라도 최대한으로 수리 보강하여 재사용토록 한다. 신축할 때는 현촌도를 작성하여 관계전문가의 확인을 받아 시공에 임하도록 해야 과오를 면할 수 있다. 토수를 끼울 때는 사래 마구리부분에 토수가 걸칠 수 있도록 토수끼움 자리를 만들어 약간 가늘게 깎아 둔다. 사래의 면가공은 외목도리 바깥쪽은 대패로 정교하게 하고, 안쪽은 은폐된 곳이므로 도끼벌로 거칠게 한다.

다) 조립

 사래는 네 지붕 귀에 이미 걸어놓은 추녀의 높이를 확인하고 추녀 윗면과 사래 밑면에 두 개 이상의 촉을 설치할 수 있도록 미리 파놓은 촉구멍에 촉을 끼우고 두 부재가 밀착되게 조립한다. 촉은 두 부재의 옆면에서 산지를 박아 들리거나 밀려나지 않도록 한다. 뒤뿌리가 짧거나 약하게 보일 때는 사래 뒤뿌리 쪽에 큰 부재를 덧대어 사래를 연장하고 이 누리개가 추녀의 뒤뿌리도 눌러 고정한다. 추녀와 사래의 긴결보강은 철띠를 박아 두 부재가 꼭 조여 이격되지 않도록 한다. 사래 양쪽으로는 부연초장이 걸리고 사래마구리 윗면에는 부연평고대가 미리 ㅅ자로 새겨놓은 자리에 조립된다. 사래는 건물에 따라 치켜 들린 경사각이 다르지만 수평이 되거나 하향하여 처지지 않도록 해야 한다.

ㅇ 알추녀 : 추녀의 소요단면은 크고 부재가 단면에 미치지 못한 경우에 왕지짜기 위에 추녀를 받치는 작은 부재를 설치하는 것인데 이것을 알추녀라고 한다. 알추녀는 작은 건물에는 사용되지 않고 대형건물에 사용된다. 추녀와 동일 부재

인 것처럼 보이나 별개의 부재로 한다.
- ㅇ 추녀와 사래 길이의 비는 어느 정도의 기준이 있어야 한다. 추녀를 길게 하고 사래를 너무 짧게 하거나 사래를 추녀보다 길게 하는 것은 조형상의 비례가 맞지 않고 구조상의 안전성도 없게 된다.

15) 평고대

평고대는 긴서까래와 직각으로 설치하여 연함을 받치는 격을 연결하는 부재를 초맥이, 부연 위에 설치하는 부재를 이맥이라고 한다. 평고대는 긴서까래나 부연 위에 설치하여 연목과 연목, 부연과 부연을 연결하고 추녀나 사래에 고정시켜 처마곡선을 확연히 드러나게 하는 부재이다. 특히 추녀나 사래의 선자부분에 거는 평고대를 조로평고대라고 하는데 이 부재는 계획된 처마곡선을 잘 나타내기 위해 곡선형을 사용한다. 처마곡선을 잘 나타낼 수 있도록 하기 위해서는 두 세 개의 부재를 잇지 않고 단일부재를 켜서 만든다. 부재를 이을 경우에는 잇는 부분이 매끄럽지 못하여 처마곡선이 절곡된 현상이 나타난다. 평고대는 평고대와 그 위에 기와를 잇기 위한 연함이 설치되는데 고식에는 고대와 연함이 일체로 된 것이 있으나 대부분 별개로 한다.

가) 해체

평고대는 그 위에 연함이 설치되어 있다. 기와를 거두어 내리고 연함을 해체한 후 평고대를 해체한다. 평고대는 연못이나 부연에 못을 박아 조립한 것이므로 못을 뺄 때 부재가 파손되지 않도록 주의를 요한다. 해체하기 전에 평고대가 이루고 있는 처마곡을 실측한다.

나) 치목

평고대는 처마곡선을 이지러짐이 없도록 하기 위해 긴 목재를 선별한다. 특히 조로평고대는 귀부분의 곡선을 자연스런 곡률이 될 수 있도록 이어 쓰지 않고 단일부재로 한다. 서까래 또는 부연의 개판을 끼울 때는 개판 두께의 절반정도로 홈대패를 사용하여 개판이 끼어질 홈을 만들어 둔다. 서까래와 부연의 평고대 윗면은 전면에서 5푼 정도 띄운 다음에 부연을 조립할 수 있도록 경사지게 깎아낸다.

다) 조립

평고대의 이음은 연귀반턱맞춤으로 하는데 평고대는 서까래와 부연에 못을 박아 고정시킨다. 초매이는 추녀 위에 반턱맞춤으로 조립하고, 이매기에서는 사래 윗면에 서로 맞대어 조립한다. 일반 평고대이음은 연귀반턱맞춤으로 하고 평고대와 조로평고대의 이음은 조로평고대의 곡선을 완연하게 하기 위해 선자 서까래를 지나 평서까래 위에서 잇는다. 보수의 경우에도 평고대는 대부분 신재로 교체하는데 이는 처마곡선을 유연하게 하기 위한 것이다.

16) 연함

연함(椽含)은 평고대 위에 대어 처마 끝의 암기와 또는 그 받침장을 받는 부재이다. 이 부재는 평고대와 같이 처마곡선을 잡는 데 연관이 있으므로 시공에 주의를 요한다.

가) 해체

기존 건물에서 연함의 해체는 해체 전에 기와곡을 실측하고 평고대에 박힌 못을 부재가 훼손되지 않도록 조심스럽게 한다. 기와골이 반골로 되어 있는지를 확인하여 보수 시에 반골이 나오지 않도록 미리 판별한다.

나) 치목

이 부재는 기와의 밑면곡률에 맞춰 이은 기와가 흔들리지 않고 잘 받쳐질 수 있게 만든다. 곡면파기는 목재공사이나 목수가 하지 않고 와공이 한다. 이는 기와를 잇는 사람이 직접 파서 연암과 기와가 잘 맞추어지도록 하기 위한 것이다. 연암의 형태는 사각재를 사다리꼴 사변형으로 빗겨 깎는다. 기와를 이을 때 반골이 나오지 않도록 기와나누기를 먼저 한 다음에 기와골수에 맞게 연암파기를 한다. 연암의 길이는 토막을 사용하지 않고 가급적 긴 부재를 사용한다.

다) 조립

연함은 평고대 윗면에서 작은 건물은 2푼 정도, 큰 건물은 2~3푼 정도 들여 놓고 중간과 양끝에서 못을 박아 고정한다. 치목에서 말한 바와 같이 연함은 반쪽자리 기와가 이어지지 않도록 정수골로 골을 판다. 주간에서 연암은 직선형이나 조로평고대 위에서는 휨곡선이 되어야 하므로 휨곡을 잡기 위해서는 기와골자리에 휘어질 수 있도록 톱자국을 내어 둔다. 기와골수가 반골 이하의 차이가 날 때에는 여러 기와골에서 암키와를 조금씩 넓혀 대고, 반골 이상일 때는 암키와를 다가 붙여

한 골을 더 두게 하는데 이런 간격을 고려하여 연암골을 판다. 추녀, 사래, 박공 등의 모서리에는 45도 보습장 또는 30도 보습장 두 장을 놓으므로 연암도 여기에 맞게 깎는다.

17) 박공널

박공널은 합각지붕의 합각이나 박공지붕에서 지붕의 양측면에 설치하여 연목의 노출을 은폐하여 건물의 장식적인 마감을 위한 부재이다. 합각의 박공널은 간단하게 처리하나 박공지붕에서는 지붕물매에 따라 곡선을 이루고 처마 쪽, 박공 끝은 초새김(게눈각)을 하여 장식한다. 초새김을 하지 않고 수직으로 자른 형태는 장식성도 없고 전통양식으로 볼 수 없다. 상단에는 긴결하는 철물을 지내철이나 꺽쇠로 고정시킨다.

18) 목조건물 조립순서

1. 기초-기초다지기-적심석 설치-주초석 설치------해채조사 시 기초부분의 훼손이 안될 경우 재사용

2. 도리집(맞배지붕. 1층)-기둥세우기(그레질·다림보기·안쏠림·귀솟음·사개맞춤) - 상인방걸기 - 보걸기 - 도리걸기 -연목걸기 - 평교대설치-(부연걸기) - 부연개판설치 - 부연평교대설치.....

3. 익공집(맞배지붕) - 기둥세우기-(그레질·다림보기·안쏠림·귀솟음·사개맞춤) - 창방걸기 - 초익공 - 주두놓기- 장여끼우기- 재주두놓기 - 보설치 - 굴도리걸기 - 연목걸기 - 평교대설치 - 부연걸기 - 부연개판설치 - 부연평교설치....

4. 주심포집(맞배지붕)- 기둥세우기(그레질·다림보기·안쏠림·귀솟음·사개맞춤) - (헛첨차) 기둥·창방 - 주두놓고(촉끼움) - 초제공설치 - 주심첨차설치 - 소로놓기 - 퇴보걸기(퇴보·보위·포대공설치, 가둥과 초방연결) - 행공첨차설치 - 장여 - 소로놓기 - 단장여(장여)설치 - 주심2첨차설치 - 소로놓기 - 외목도리 설치 - 내목도리 설치 - 주심도리설치 - 제 1 우미량(초방설치 - 고주위 포대공짜기 - 큰보설치 - 제 2우미량설치 - 소로놓기 - 뜬장여 설치 - 큰보 위 포대공설치 - 제3 우미량 설치 - 종보설치 - 장여설치 - 장여 보아지설치 - 내목굴도리 - 종보 포대공설치 - 장여설치 - 솟을합장설치 - 용마루도리설치 - 연목걸기 - 평교대 설치 - 부연걸기 - 부연개판설치 - 부연평고대설치...

5. 다포집(팔작지붕) - 기둥세우기(외진평주·내진주·내진고주·그래질·다림보기·안솔림·귀솟음·사개맞춤) - 기둥창방 (안초공) 조립 - 평방설치 - 주두놓기(촉끼움) - 이방설치(대형건물) - 소첨차설치 - 초제공설치 - 소로놓기(촉끼움) - 소첨차 대첨차설치 - 제2제공설치 - 장여설치 - 소첨차 대첨차 설치 - 소로놓기(촉끼움) - 제2장여설치 - 소첨차 대첨차설치 - 소로놓기 - 제3제공설치 - 순각판설치 - 소로놓기 - 장여설치 - 퇴보조립 - 굴도리설치 - 갈모산방

설치 - 추녀걸기(토수끼우기, 알추녀 - 대형건물) - 강다리설치 - 사래설치 (토수끼우기) - 연목걸기 - 평교대설치 - 부연걸기 - 부연개판 - 부연평교대설치 ...

6. 지붕기와이기(부연평교대)...연함설치 - 산자역기 - 연목, 부연누리개적심설치 - 보토다지기 - 강회다지기 - 연함위 받침장기와놓기 - 암막새(와구토) - 바닥기와(암키와)이기 - 수막새이기 - 수키와이기(홍두깨흙) - 용마루 적세이기 - 착고이기(용마루, 내림마루) - 부고이기 - 망와이기(용두) - 마루장이기(내림마루 용두설치, 귀마루 잡상설치) - 방초막이(수평형, 수직형) - (양성바르기)

19) 기둥 상부 및 공포의 조립 과정도

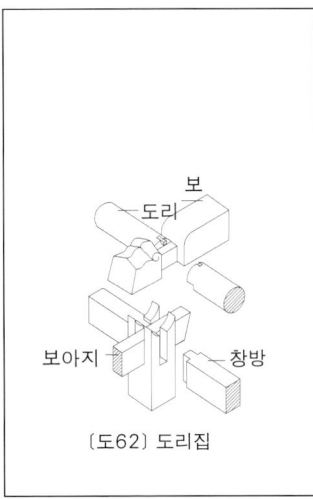

〔도62〕 도리집

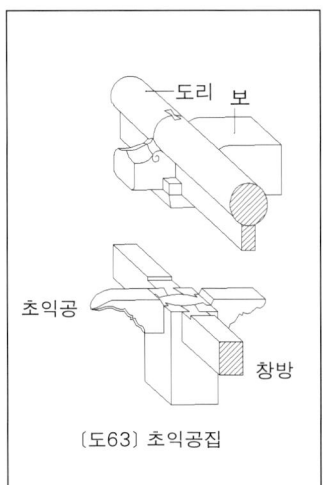

〔도63〕 초익공집

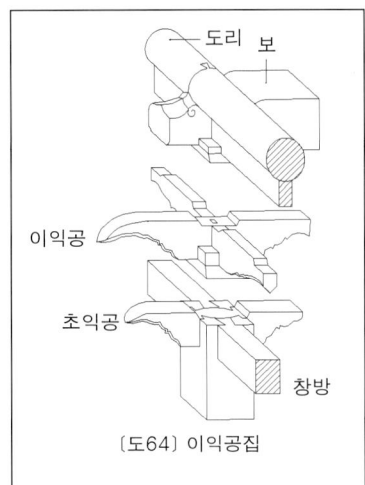

〔도64〕 이익공집

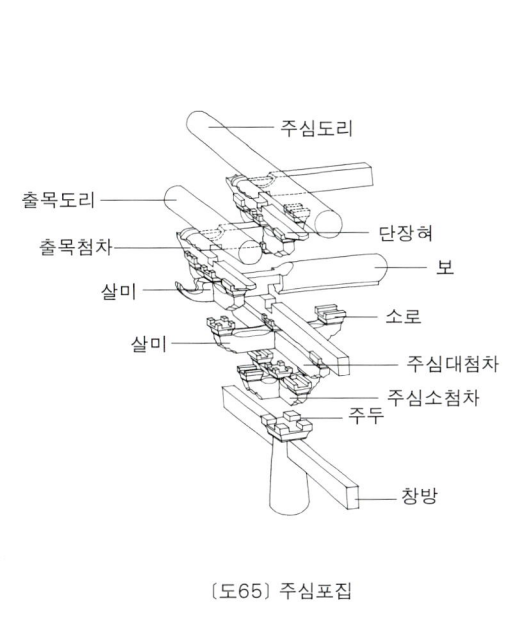
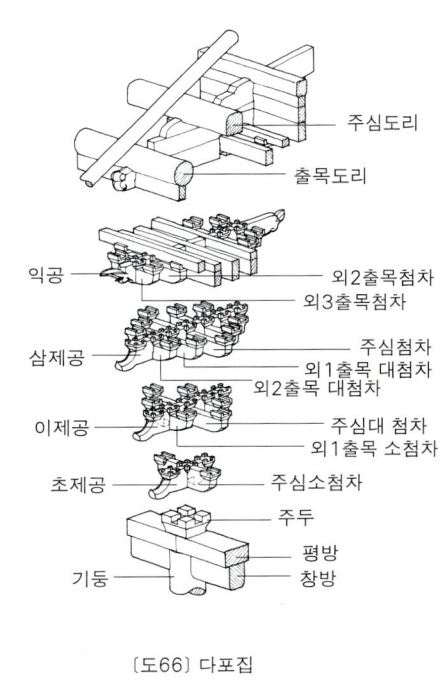

〔도65〕 주심포집 〔도66〕 다포집

기둥상부 및 공포의 조립 과정도

3. 지붕

가. 일반사항

지붕은 이기재료에 따라 기와지붕, 초가지붕, 너와지붕(돌너와·나무너와) 등으로 구분되며, 형태에 따라서는 맞배지붕(박공지붕)·팔작지붕(합각지붕)·우진각지붕(모임지붕)·방형지붕(삿갓지붕) 등과 이들의 조합으로 구성된 다각형지붕이 있다.

건물층수는 건물에 층층으로 구성된 지붕의 개수로 정하며 건물규모가 크거나 빗물이나 햇빛받이를 위해 돌출된 지붕이 있는데 이는 층수로 헤아리지 아니한다.

지붕은 외진기둥 위에서 건물 바깥쪽으로 튀어나가 빗물과 햇빛을 받게 되는 데 이를 처마라고 한다. 처마는 연목과 부연을 단 것을 겹처마지붕, 부연이 없는 것을 홑처마지붕이라고 한다. 부연을 달게 된 이유는 건물의 높이에 따라 처마를 길게 내밀게 하는데 서까래만으로는 길이를 충당할 수 없으므로 부연을 덧달아 처마를 길게 빼낼 수 있게 하고, 처마 앙곡을 잡는데 서까래 위에서 곡선을 잡을 수 있게 한 것이다. 따라서 부연을 다는 것은 권위건축에서 건물높이가 높은 경우에 비례를 맞추기 위하여 부연을 필요로 한다. 다시 말하면 처마내밀기는 건물기둥높이에 일정한 비례를 갖고 있는데 그 비례는 기둥과 처마끝이 이루는 경사각도로 표시된다. 이 각도는 건물에 따라 약간의 차이는 있으나 평균해서 30도각을 이룬다. 건물의 높고 낮음에 관계없이 이 각도를 이루는 것이 일반적이다. 지붕은 빗물을 받는데 일정한 경사도가 있다. 이 경사도를 물매라고 한다.

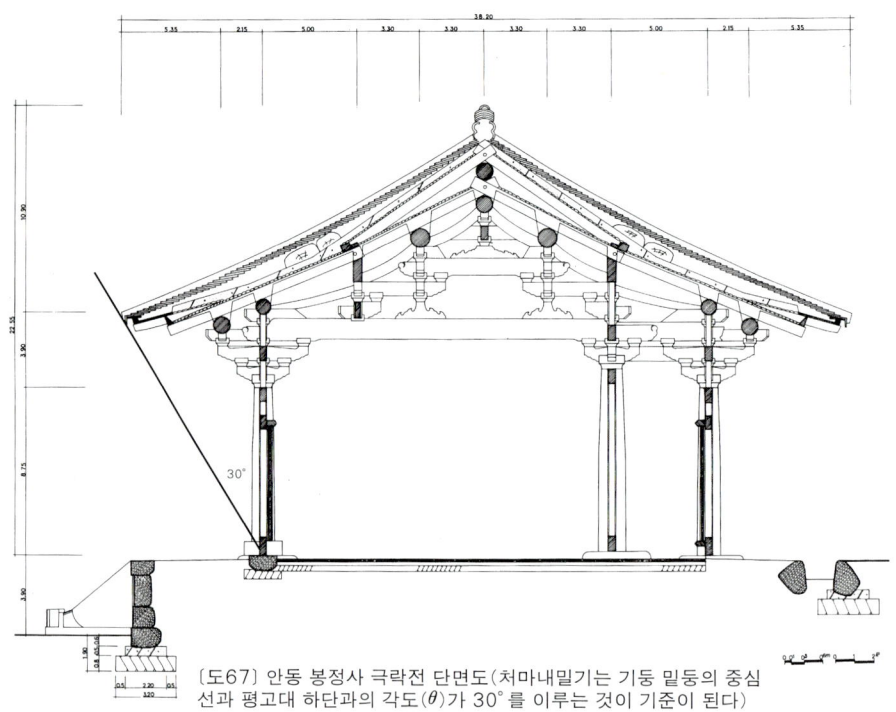

[도67] 안동 봉정사 극락전 단면도(처마내밀기는 기둥 밑동의 중심선과 평고대 하단과의 각도(θ)가 30°를 이루는 것이 기준이 된다)

나. 지붕물매

지붕물매는 수평거리에 수직높이로 산정한다. 지붕종단면에서 수평거리가 1m이고 수직거리가 0.4m이면 4치 물매라고 한다. 함석이나 동판과 같은 금속판의 물매는 3치 물매로 가능하나 기와는 빗물의 역류현상을 고려하여 최소 3.5~5.5치 물매가 되어야 한다. 지붕의 처마에서 중도리 정도까지는 5치 물매 정도이나 중도리에서 용마루까지는 매우 급한 물매로 거의 1:1의 비율이 된다. 초가지붕은 3~4치 물매로 가능하다. 5치 미만의 물매를 싼물매(경사완만)라고 하고 그 이상의 것을 된물매(경사급)라고 한다. 1:1 비율의 물매는 곱물매라고 한다. 부연이 걸린 경우는 부연의 물매가 1.5~2치 물매로 매우 낮게 된다. 기와는 이상과 같은 지붕구조를 바탕으로 한 위에 올리게 되는데 처마에서 용마루까지의 선을 기와곡선이라고 하며 이는 현수곡선으로 표현된다. 현수곡선이란 기하학에서 말한 Sin곡선을 뜻하는 것이나 수리현장에서 실제 시공하는 방법은 처마에서 용마루까지 줄을 띄어 처지는 곡으로 한다. 팔작지붕에서는 추녀마루가 형성되는데 이 때 귀마루(추녀마루)는 지붕물매와 같이 큰 경사를 이루지 않고 1.5치 물매 정도로 약간의 물흐름경사를 둔다. 지붕처마는 처마앙곡과 처마안허리곡을 두는데 이는 하부의 연목과 부연 등의 목구조에 바탕을 두고 있으며 건물의 맨 위 외형을 마무리하는 것으로 기와에 나타난 형상이 건축미에 영향을 준다. 처마앙곡은 건물에 따라 다르며 팔작지붕이 맞배지붕이나 다른 건물보다 크게 나타난다.

다. 시대별 기와형태의 변화

　전통기와는 시대적으로 삼국시대, 고려시대, 조선시대의 기와로 대별할 수 있으며 각 시대마다 특징을 갖고 있다. 또한 건물의 성격과 지역에 따라 다르게 나타난다. 기와의 시대적 형태 구분은 암·수막새의 와당무늬, 내림혀의 길이, 등무늬 등으로 구별된다.

　유적지나 발굴지에서는 막새가 발견되기도 하지만 대부분 암·수기와 편이 주를 이룬다. 막새가 없어 기와의 편년을 알아보기 매우 어려운 점이 있으며 이 경우에는 기와의 등무늬에 의존하게 되는데 등무늬의 시대별 형상은 다음과 같이 판별할 수 있다.

〔도68〕 사람얼굴무늬 수막새(고신라, 영묘사터 출토)

　기와의 형태와 크기는 기와를 제작할 때 사용되는 기와틀(모골)에 의해 정해진다. 암키와의 크기는 기와틀을 4등분한 크기이고 수키와는 2등분한 크기이다. 틀은 암·수키와 다같이 위는 좁고 아래는 위보다 약간 넓은 원통형이다. 기와의 표면은 내면은 천(마포·새끼 등)을 씌우므로 천 자욱이 나타나고, 겉면은 점토판의 표면을 방방이(叩板)로 두들겨 성형하는 것이므로 방방이의 무늬에 따라 여러 가지 형상의 기와등문이 생긴다. 이와 같이 기와는 등무늬가 만들어지며 그 형태는 고대로부터 근세에 이르기까지 여러 가지가 나타난다. 발굴조사지나 유적지에 산포된 기와편은 그 무늬에 따라 제조시기를 판별할 수 있는 것이 다. 기와의 고면은 앞에 설명한 바와 같이 모골이 원이므로 수키와는 반원형이고 암키와는 원형의 1/4이 된다. 기와의 두께는 고대에는 얇은 것이나 고려, 조선시대로 내려오면서 점차 두꺼워진다. 기와의 단면은 앞쪽(기와이기를 할 때 하부) 미구가 기와 몸보다 가늘게 하고 몸과 같은 굵기의 끝은 언강을 만들며 이들 중간에는 물끊기홈을 가늘게 새겨 둔다. 암·수키와의 꼬리부분은 기와몸체보다 얇게 경사지게 만든다. 이렇게 한 것은 다음에 이어질 기와의 앞머리가 꼬리부

〔도69〕 암수막새 재현 부여출토(백제시대)

〔도70〕 경복궁 향원정(조선 후기 1867)

분에 밀착되게 하기 위한 것이며, 머리분에 미구와 언강을 둔 것도 상·하 기와가 밀착되게 하는 방법이다. 기와의 색상은 고대의 회색 또는 적갈색상이 고려, 조선시대에는 짙은 검은 색 또는 회색으로 변화된다.

막새기와는 암·수막새가 있으나 암막새는 삼국시대부터 많이 출토되고 수막새는 통일신라 이후에 나타나며 그 이전의 것은 매우 희귀한 실정이다. 기와의 크기는 건물규모에 따라 다르게 사용되었는데 소와·중와·대와·특소와로 구분된다. 그러나 보수를 할 때 기와가 부족되면 크기·무늬·색상 등이 다른 여러 종류의 기와를 혼용하는 경우가 있다.

〔도71〕 북경, 청대 건축의 지붕(청대 18세기)

기와의 바닥무늬는 내면(바닥면 : 새우흙이 닿는 면)과 등면은 천자국이 남아 있는데 이 무늬는 마포(麻布)로 보인다. 모골에 쌓은 천의 무늬가 기와면에 도장처럼 찍힌 것이다. 모골에 천을 감는 것은 기와의 소재가 되는 점토판을 모골에서 쉽게 분리시키기 위한 것이다. 고구려시대의 기와 가운데 모골무늬흔적이 있다. 마포를 짠 실줄이 가로 세로로 나타나 있으며 모골을 세우고 횡으로 마포 길이가 부족된 경우에 이

〔도72〕 각종 기와등 무늬

어 붙인 바느질 흔적이 남아 있다. 모골무늬흔적은 최근 기계제작 이전까지 사용되어 왔으나 이후에는 모골을 사용하지 않고 기계로 밀착 제작하기 때문에 없어졌다. 모골흔적은 면에 요철이 있어 새우흙 위에 이을 때 마찰력을 더해주는 효과도 있는 것이다.

등면의 무늬는 매우 다양하게 나타난다. 등무늬는 점토판을 모골에 감아 붙이고 고판질(두들겨 부임)을 할 때 도장처럼 찍힌 무늬이다. 등무늬는 승문(繩紋: 새끼줄 무늬), 직선문(고구려시대: 호로고루성 출토), 사선문, 격자문(조선시대), 사격자문, 기하문(조선시대), 어골문, 사선문의 복합문, 물결문(조선후기), 동심원과 파상문의 복합문등 명문(銘文)이 새겨진 것 등으로 시대적으로 다양하다.

1) 삼국시대

현재 삼국시대의 건물은 남아 있지 않고 유적지나 발굴조사 시에 발견된 기와 중에 고구려, 백제, 신라 등의 기와가 있다. 그 형태는 고려, 조선시대의 것보다 더 정교하고 장식도 화려한 편이다. 막새무늬는 수막새는 둥근형태로 연화무늬, 암막새는 가늘고 긴 형태로 당초무늬를 한 것이 많다.

암·수막새의 내림혀는 7cm 정도로 매우 짧고 몸과 이루는 각도는 거의 직각을 형성한다. 고려, 조선시대에 내림혀가 길어진 것에 비하면 제작하는 기술이 미진한 때문인 것으로 생각된다. 기와 평면형태는 전면 쪽이 좁고 후면 쪽이 넓은 사다리꼴 형상이다.

삼국시대의 기와는 고구려·백제·신라가 나라에 따라 기와의 무늬가 각기 다르다. 삼국시대 이전의 한사군 시대의 기와는 고고학분야에서 밝혀진 바가 있으며 그 유물로 본 형태는 주로 원형의 수막새인데 낙랑예관(樂浪禮官), 대진원강(大晉元康), 천추만세(千秋萬歲), 의(宜), 길(吉) 등의 문자가 새겨진 것과 십자금을 긋고 곱팽이무늬를 한 것들이 전해지고 있다.

고구려의 기와는 국내성, 평양성 등지에서 나온 수막새가 있다. 수막새의 와당 형태는 주연은 두텁고 높으며 중앙의 자방은 만두형이다. 윤곽을 돌렸으며 쌍줄을 방사형으로 구획하고 각 구간 안에 연화판무늬를 부조하였다. 연화판의 머리 좌·우에는 구슬무늬를 두고 있다. 이와 같은 무늬는 다른 지역에서는 볼 수 없는 고구려기와의 특징으로 나타난 것이다. 연판은 백제·신라와는 다르게 매우 강직한 선을 나타내고 있다.

발해국의 기와도 전해지고 있는데 주연을 두르고 중앙에 큰 자방을 두었으며 그 주위에 작은 구슬과 같은 무늬를 하고 있다. 연판의 형상도 보이나 고구려의 것보다는 세련되지 않고 복숭아씨처럼 되어 있다.

백제의 기와는 부여지역에서 출토된 수막새 와당이 전한다. 주연을 두르고 중앙에 자방을 두고 그 주위에 여덟 개의 연판을 둘렀다. 연판의 모양은 매우 부드러워 백제인의 인상을 풍기는 것 같다. 백제시대의 암막새로는 군수리사지에서 1935년에 발견된 것이 있는데, 이 기와는 암막새기와의 원초적인 형태로 내림혀 부분을 엄지 손가락으로 꾹꾹 눌러놓은 것과 같다. 엄밀하게 암막새라고 하기는 곤란하나 바닥 암기와는 형태가 달라 막새문양으로 볼 수 있을 것이다. 막새기와는 낙랑시대부터 고려, 조선을 통하여 유물이 많이 출토되어 전해지고 있다.

신라의 기와는 고신라시대, 가야시대 등의 것으로 통일신라시대가 계승한 것으로 보인다. 수막새의 형상은 주연을 두르고 중앙에 자방을 두었으며 자방 속에 연자를 넣었다. 그 주위에 연판은 8엽이 보통이고 7엽인 것도 드물게 있다. 연판의 형태는 고구려·백제 기와의 중간 정도로 연꽃 끝이 뾰족하지도 뭉툭하지도 않다. 암막새의 형상은 내림혀가 짧고 몸체와의 각도도 90도로 통일신라시대의 기와와 유사한 것으로 보인다.

2) 통일신라시대

통일신라시대의 기와는 경주지역의 유적지에서 많이 출토되었으며 와당의 무늬가 섬세하고 미려하여 장식적인 요소를 가장 뚜렷하게 나타내고 있다. 수막새는 연화문이 가장 많고 단판·중복판 등 종류가 다채롭다. 암막새의 무늬는 인동문 보상화문(당초문)·포도문·연화당초문·국화당초문·운문(雲紋)·화염문 등이 있고 천인(天人)·용·기린·봉황·서금(瑞禽)·수면(獸面) 등으로 나타난다.

암막새는 내림혀가 짧고 몸체와 직각을 이루고, 수막새는 원형이다. 무늬는 식물의 잎과 꽃술을 표현한 것이 많다.

3) 고려시대

고려시대의 기와는 고려시대의 건물로 안동 봉정사극락전, 영주 부석사무량수전 조사당, 강릉 객사문, 수덕사 대웅전 등 몇 동이 남아 있어 이 시대의 기와에 대해 알아 보기 쉽다. 고려시대의 기와는 수막새는 원형으로 해무리원형무늬를 넣었고 암막새는 내림형에 인동당초무늬 또는 세로줄을 넣고 원을 배치하며 사찰에서는 범자를 넣은 것도 있다. 암막새의 내림혀의 각도는 직각을 이루는 것과 약 70도 정도의 각을 이루어 외측으로 뻗친다. 혀의 길이도 상당히 길어진다.

4) 조선시대

조선시대의 기와는 고려시대를 이어받고 그 수요가 증가하여 많은 기와를 제작하였으나 무늬의 형상이 미려하거나 정교성은 보이지 아니한다. 암막새(와당)는 화초·반용(蟠龍)·연화·귀면·범자·봉황 등이 쓰였으며 후기에는 전대를 따르면서 수막새에는 박쥐·희자(喜字)·수자(壽字)등이, 암막새에는 박쥐·태평화 등의 무늬가 쓰였다.

암막새(와당)의 형태는 밑이 뾰족하게 튀어나오고 수막새는 내림혀가 고려시대의 것보다 길다. 내림혀의 벌림 각도는 50도로 고려시대의 것보다 점차 넓어진다. 조선시대는 각양각색의 무늬가 사용되었으나 말기적 현상으로 무늬가 희미하거나 어떤 무늬인지 알아볼 수 없을 정도로 부실한 것도 만들어졌다. 용·봉황·박쥐·거미 등의 무늬는 어떤 형상인지 잘 알아 볼 수 없을 정도로 조잡하다

〔도73〕 봉황상 수막새(조선시대, 궁궐)

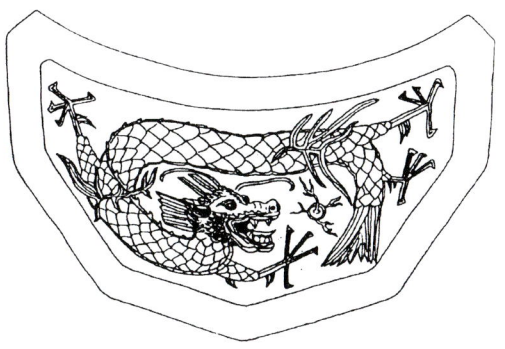
〔도74〕 용상 암막새(조선시대, 궁궐)

〔도75〕 조선시대 막새(박쥐상)

〔도76〕 조선시대 막새(사찰, 재현품)

막새 문양도

라. 기와의 종류

기와는 암키와(여와)·수키와(부와)·암막새·수막새 등으로 구분된다. 암키와와 수키와는 서로 일조가 되어 밑에서 받쳐주고 위에서 덮어 빗물을 방지케 한다.

막새는 처마 끝에 장식용으로 사용된다. 암키와 위에 이는 것을 암막새, 수키와 위에 이는 것을 수막새라고 한다.

막새를 이지 않을 때는 와구토를 발라 마감한다. 막새를 사용하는 건물은 정전이나 본당건물에 사용하고 부속건물에는 사용하지 않는 것이 일반적이다. 용마루·내림마루·귀마루의 끝에는 건물의 위계와 관계없이 망와를 올려 마감하는데 원래는 망와용 망와를 별도로 제작하여 사용하는 것이 원칙이나 후대에는 별도의 망와를 제작하지 않고 막새를 뒤집어 사용하는 예가 많다. 신축할 경우에는 별도의 망와를 제작하여 이는 것이 옳은 방법이다. 용마루·내림마루·귀마루 등에는 착고를 따서 이은다. 착고막이(당골막이)는 지붕기와 맨 위에 이는 수키와의 등에 맞게 수키와의 양쪽을 따내어 만든다.

착고막이 위에 수키와를 한 장 더 올려 적새를 받치는 기와를 부고라고 한다. 부고는 건물의 규모가 비교적 큰 것에 사용된다. 지붕마루의 양쪽 끝 망와 밑에는 수키와를 수평으로 하여 용마루를 받치는데 이 기와를 머거불이라고 한다. 머거불은 지역에 따라 다른 형태로 나타나는데 세워서 이는 세운머거불이 있다 (경상도 지역). 이는 지역성이 있는 것이므로 바꾸어서는 아니 된다.

너새는 귀마루나 내림마루의 끝에서 45도 각이나 비스듬히 사용되는 것으로 암키와와 수키와를 각도에 맞게 잘라서 사용한다.

적새는 지붕마루에 암키와를 여러 장으로 엎어서 이는 것을 말하며 적새 위에 수키와 한 장을 올려 마감하는 것을 수마루장 이라고 한다. 각 시대와 지역별로 기와의 특성을 살펴보면 다음과 같다.

방초막이는 연봉(蓮봉) 또는 도련(陶蓮)이라고도 한다. 처마 끝의 수막새를 고정하는 기와못 머리에 연꽃모양의 도자기로 감싼 것이다. 모양이 연꽃과 같아서 연봉이라고 한다.

지붕마루는 지붕의 형태에 따라 맞배지붕·팔작지붕·우진각지붕(사모지붕)모임지붕·다각형지붕·정자각지붕 등이 있다. 이들 지붕은 기와나 양성으로 마감되는데 궁전건축과 그 관련건물은 기와마루를 양성으로 하고 서원·사찰민가 등은 기와로 마감된다. 기와마루에는 위엄과 장식을 겸하여 용두·치두·치미·망와·상와(잡상)·절병통·귀면와·방초막이·토수·바래기·연목막이·부연막이 등을 설치한다. 이 가운데 바래기·연목막이·부연막이 등은 고대에 사용했던 것으로 유물로는 남아 있으나 실제 근대건축에서는 사용되지 않고 있다.

암막새·수막새와 같은 무늬가 있는 기와도 일종의 장식용으로 앞에 설명한 바와 같다. 고대건축에 사용했던 기와 중에 청색·녹색·황색 등이 있다. 이는 도자기의 청자가 아니라 유약을 발라 구운 기와로 유약기와인 것이다.

1) 치미(鴟尾)와 취두(鷲頭)

치미는 고대(삼국시대)건물의 용마루 좌우끝에 얹어 장식하는 것으로 입을 크게 벌려 용마루를 물고 용꼬리와 같은 형상을 한 것이다. 유물로는 경주 황룡사지와 천군리사지에서 출토된 것이 있다. 조선시대의 건물에서는 용마루 좌우에 취두(鷲頭)라고 하는 것을 두는데 치미의 변형으로 보는 견해가 있다. 치미는 새(독수리)의 꼬리를 형상화한 것이고 취두는 용의 머리를 형상화하였다. 치미의 옆면에는 연화를 새겼고 취두는 전체적으로 용의 머리부분을 형상화한 것이다. 취두는 상와(像瓦,잡상)와 같이 궁전건물에만 사용되고 용두는 왕릉 인근에 있는 원찰(왕과 왕실의 소원을 기원하는 절)에서 사용되었다. 취는 독수리이며 독수리는 신격화한 상징적 영조(靈鳥)로 용과 같은 의미를 갖고 있다. 취미는 삼국시대에 주로 사용되었으며 고려시대에도 있었으나 조선시대에는 취두로 바뀌었다. 취두는 독수리의 머리를 뜻하는 것으로 용의 형상과 같이 조각되었다. 치미와 취두의 설치는 양성 속에 긴 찰주(철못)을 박아 고정한다.

2) 용두(龍頭)

용마루 내림마루에 올려놓은 용머리형의 장식용 기와로 궁전건물 왕릉의 정자각과 침전·문묘·성문·행궁·지방관아 등에만 사용되었고 일반 민가에서는 사용할 수 없었다. 다만 왕릉 인근에 있는 원찰의 법당에는 사용된 예가 있다. 왕실을 상징하는 새와 짐승으로 용과 봉황을 드는데 용은 왕을, 봉황은 왕비를 상징하는 것이다. 용과 봉황은 실존하는 동물이 아니므로 그 형상을 정확하게 사실적으로 조각이나 그림으로 표현하기 어려우나 예로부터 전해 내려오는 그림이나 조각을 표본으로 한다. 용두는 건물에 올린 이후 오랜 세월이 경과됨에 따라 풍화 파손되어 보충하게 되는데 보충재를 제작할 때 제작공의 미숙으로 변형된 것이 많다. 앞으로 제작시에는 용의 의미를 잘 알고 조각에 정성을 들여야 할 것이다. 용두의 설치는 용두 바닥에 못 구멍을 미리 만들고 양성을 바를 때 마루적새에도 못을 끼울 수 있게 하여 고정한다.

3) 상와(像瓦, 잡상)

상와의 사용처는 다른 장식물과 같이 궁전, 왕릉의 정자각과 침전, 문묘, 행궁, 지방관아 등의 건물에서 사용되었다. 잡상은 집의 수호신격인 영수(靈獸)로 건물의 안전과 벽사(辟邪)의 주술적인 뜻이 있으며 장식적인 효과를 겸한다. 잡상은 서유기(西遊記)에 나오는 삼장법사, 손오공, 저팔계 등을 상징하는 것이라는 설과 박지원의 열하일기에 나오는 구룡상을 따서 벽사신으로 했다는 설 등이 있다. 서유기설에 의한 상와의 명칭은 삼장법사, 손행자(손오공), 저팔계, 사화상, 마화상 삼살보살, 나토두 등이며 천산갑이란 것도 있으나 그림은 나타나지 않고 있다.

1. 대당사부   2. 손행자   3. 저팔계   4. 상화상
5. 이귀박   6. 이구룡   7. 마화상   8. 삼살보살   9. 천산갑

〔도77〕 각종상와(조선시대)

4) 절병통(節甁桶)

절병통은 모임지붕에서 마루 정상에 얹는 장식물로 보정(寶頂)이라고 한다. 항아리 모양으로 만든 것을 절병통이라고 하는데 간단한 것은 하나의 원형으로 하지만 대개는 호로병 모양으로 두 개의 마디로 한다. 절병통은 기와와 같이 구어서 만들었으나 근래에는 석재나 동판으로 만든 것도 있다. 전통적인 것은 구워서 만들어야 할 것이다.

절병통의 설치방법은 지붕 중심에 찰주를 세우고 찰주가 절병통을 받칠 수 있게 한다. 절병통은 장식적인 면 외에 모임지붕에 모인 추녀 뒷뿌리를 눌러 주는 역할도 한다.

절병통 밑에는 대좌를 기와로 쌓아 만드는데 수키와를 한 단 또는 두 단으로 쌓고 그 위에 강회몰탈로 연함을 만들고 암·수키와를 얹어 기와지붕을 만든다. 대좌의 바로 밑에는 암막새를 거꾸로 하여 망와처럼 잇는다. 절병통의 각은 지붕모양에 따라 사각·육각·팔각으로 하거나 원형으로 한다.

5) 토수

토수는 궁전건축에서 추녀끝 또는 사래끝에 끼워서 비를 막아 부식을 방지하거나 장식용으로 하는 것이다. 토수의 형상은 용두같이 보이나 이무기를 형상한 것이다. 이무기는 용과 비슷한 것이라고 하나 토수의 조각상에는 용과는 다른 형상으로 나타난다. 토수도 군기와의 일종으로 진흙을 구워서 만든다. 토수의 제작은 내부는 공간으로 두고 외부는 기와두께와 같은 정도로 하여 구워서 만든다. 사래 옆면에는 설치 못 구멍을 만들어 둔다. 추녀나 사래를 몸통보다 가늘게 깎아 사래가 끼워질 수 있게 한다. 사래를 끼우고 사래못을 박아 고정한다. 사래는 추녀곡선과 같이 뻗쳐나가야 하며 처지게 되어서는 아니 된다.

6) 용면(龍面)(귀면 鬼面)

용면은 지붕의 내림마루 끝이나 추녀와 사래 끝에 붙여 면을 마무리하는데 장식을 겸한다. 용면의 용어는 귀면으로 불려왔으나 최근 새로운 학설이 나와 귀면보다는 용면으로 하는 것이 옳다는 지적을 하였다. 귀면의 형상은 사악을 물리친다는 괴수(怪獸), 신장(神將), 역사(力士)의 안면을 나타낸 것이 많으며 꽃무늬를 새긴 것도 있다. 고대건물의 내림마루에 설치하는 귀면은 마루적새면에 세우고 바래기와로 눌러 고정하고 하단은 수키와 등에 맞게 홈을 둔다. 뒷면에 돌기를 붙여 구멍을 뚫고 철선을 걸어 맬 수 있게 한다. 추녀나 사래에 붙이는 귀면은 암기와와 같은 모양으로 만들어 상단에 못구멍을 두어 못박아 고정시킬 수 있게 한다.

7) 바래기기와(곱새기와)

바래기기와는 망와와 같은 뜻으로 고대건축에서 사용되고 조선시대 이후에는 사용되지 않은 것으로 보인다. 사용처는 용마루나 내림마루 끝에 수키와 막새모양으로 만든 것인데 앞쪽은 원통형이고 뒤쪽은 수키와와 같은 형상이다. 설치할 때 앞면은 귀면 위에 물리게 하고 뒷면은 마루기와의 수마루장이 물리게 한다.

8) 초가리기와

초가리기와는 고대건물에서 부연, 연목, 추녀, 사래 등의 끝에 붙이는 장식용기와로 연화등의 무늬를 새긴 것이며 장식과 빗물을 막으려고 한 것이다. 삼국시대의 건물에서 사용했던 것으로 보이며 조선시대의 건물에는 유물이 남아 있지 않다. 이 기와는 와당의 중심에 못구멍을 뚫어놓았다가 국화정과 같은 못으로 고정시킨다.

바) 기와못 · 결속선 · 철심 · 철쇠 · 마름쇠

ㅇ 기와못

처마끝 수키와의 언강 또는 미구에 기와못구멍을 뚫어 기와못을 박는다. 수막새를 이을 경우에는 미구등에 구멍을 만든다. 재래식 기와못은 방형단면이었으나 근래에는 원형으로 만든다. 수키와 등에 방초막이(연봉)를 꽂을 때는 못처리를 약간 길게 내밀게 한다. 취두·용두 등을 설치할 때는 밑바탕재(적심재)에 깊게 꽂혀 견고하게 한다. 못은 철못이므로 방부처리를 하여 부식에 대비한다. 용마루가 높은 경우에는 철심을 길게 박아 용마루가 좌우로 기울어지지 않도록 한다. 취두와 용두를 박는 못은 취두박이·용두박이라고 한다.

ㅇ 결속선 : 지붕마루의 적새는 기와에 못구멍을 내어 두고 철선이나 동선으로 동여매어 바람에 날리거나 기울어지지 않도록 한다.

ㅇ 철심 : 높은 용마루 또는 취두 등을 지지하고 침하, 이동, 붕괴 등을 방지하기 위해 긴 철심을 바탕재에 박는다. 취두는 철심에 꽂고 비어 있는 공간에 강회난북을 다져넣고, 적새는 철심을 감아 이기를 한다.

ㅇ 철쇠 : 철쇠는 쇠사슬로 궁전건물의 큰 건물 용마루에 설치하여 기와를 손질하거나 와생초를 제거할 때 줄을 잡고 미끄러지지 않도록 하는 것이다. 마루적새 밑에서 종심목에 박은 철심에 고리를 끼워서 적새 사이로 용마루 측면에서 내밀게 한다. 용마루의 전후에 적당한 간격으로 설치한다.

ㅇ 마름쇠(菱鐵) : 궁전 건물에서 기와등 용두·취두·보머리 등의 정상에 새가 앉지 못하도록 꽂는 가시가 돋친 쇠이다. 기와를 고정하는 여러 가지 철물은 근래 재래방법대로 만들지 않고 철근을 이용하여 간단하게 만들어 사용하는데 문

화재보수공사를 위한 전통공법으로 볼 수 없다. 목재나 석재를 다듬는 일도 현대기계화에 밀려 전통기법에서 벗어난 경우가 많지만 기와못을 제작하는 것도 전통기법을 살려야 한다. 문화재보존은 형태만을 전수하는 것이 아니라 그 제작기법도 전수하여 기능에 지속되어야 한다. 현재 대장간은 전국적으로 거의 없어진 상황이다. 문화재보수현장에서 전통공법에 의해 제작된 기와못을 사용함으로써 제작기능이 지속될 수 있도록 해야 할 것이다.

마. 해체

○ 기와는 해체 전에 기와물매를 실측하여 변형된 곡선과 원형의 곡선을 찾아 기와잇기를 할 때 기준을 잡는다. 기와곡선은 현수곡선이라고 하는데 현수곡선은 수학적인 이론보다는 기와장의 경험에 의한다. 현수곡선의 개략적인 선형은 줄을 직선으로 당겨 놓으면 자연스럽게 처지는 곡선을 말한다.

○ 해체시 기와가 파손되지 않도록 주의하고 해체된 기와는 재사용재와 파손품을 선별하여 적치한다. 내릴 때는 미끄럼틀을 사용하여 파손품이 많이 발생되는데 기와가 파손되지 않도록 주의를 요한다. 일본의 경우 지붕에서 내릴 때 10장씩 기단 위에 가지런하게 정리해 놓았다가 재사용한다.

바. 기와이기

○ 신제품을 전면지붕에 잇고 고제는 후면에 잇는 것은 풍화에 더 불리하며 건물 외관도 전면은 신제의 균일한 형태로 직선화되어 좋지 않다. 해체시의 순서대로 원위치에 잇는 것이 좋은 방법이다. 기와곡선은 현수곡선을 유지토록 한다.

○ 기와골이 기존과 틀리지 않고 반쪽기와를 잇지 않도록 한다.

○ 막새문양은 건물의 기능에 맞는 것을 사용해야 한다. 여러 종류의 기존 막새가 있는 경우에는 선별하여 재사용하고 하나로 통일시키는 것은 기존의 문화재를 없애 버리는 것과 같다.

○ 홍두깨흙에 강회를 충분히 혼입하여 빗물에 쉽게 씻겨 나가지 않도록 한다. 홍두깨흙이 약하면 기와가 이완되고 가라앉게 되어 누수의 원인이 된다.

○ 잡상의 순서가 다르거나 형상이 맞지 않은 경우도 있으며 못으로 견고하게 설치하지 않고 미장으로만 고정하면 쉽게 떨어져 나간다.

○ 지역적으로 용마루 끝 내림마루의 끝 마감이 다른데 전국적으로 단일화되어 가는 경향이다. 원형을 찾아 그 특성이 회복되어야 한다.

○ 기와이기는 암·수 모두 넓은 쪽이 지붕의 위쪽으로 향하게 한다.

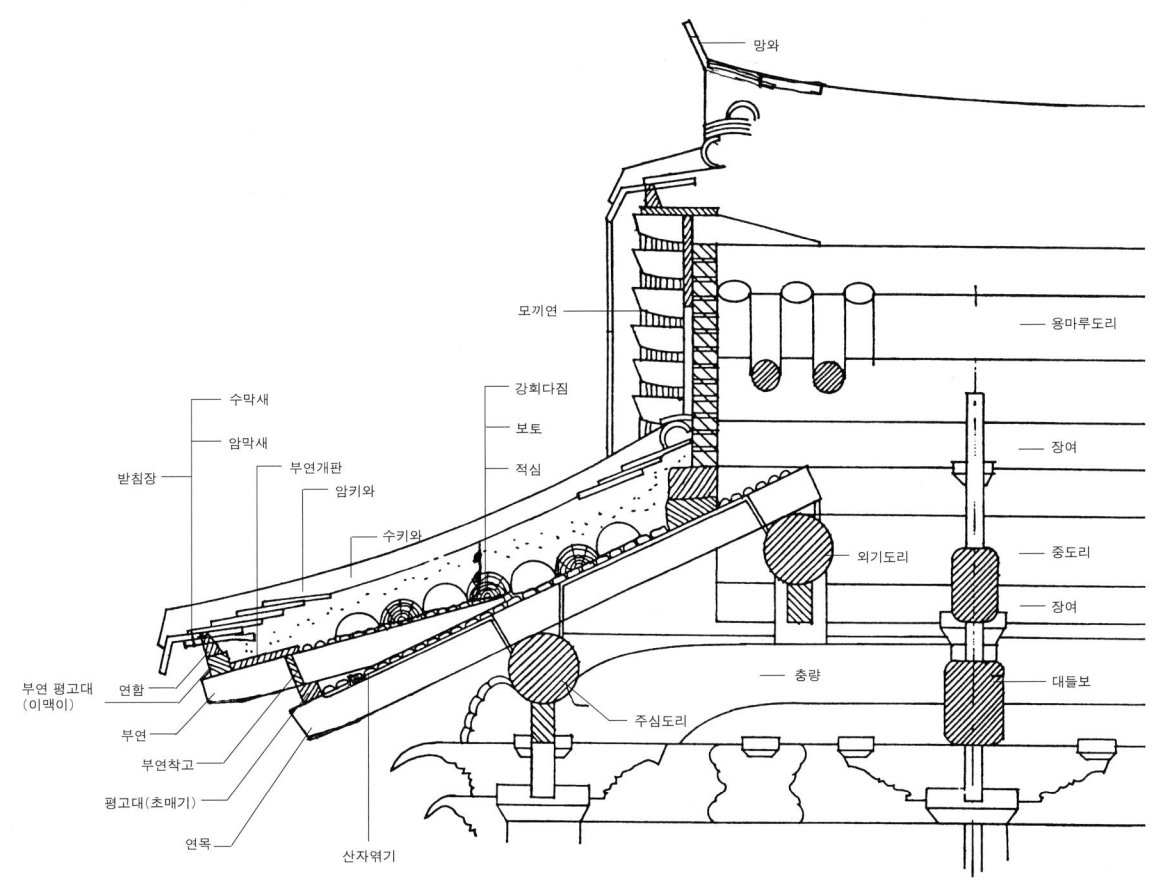

1) 한 건물내 여러 종류의 기와가 있을 때 보수방법

오랜 세월에 지붕보수를 하면서 크기와 무늬가 다른 여러 종류의 기와가 혼용된 건물이 있다. 이런 경우 어떤 기와를 선택하여 사용할 것인가에 대한 의문이 생긴다. 비록 기와의 크기와 형태가 달라졌어도 이들 기와는 역사성을 갖고 있다. 따라서 가장 오래되고 무늬가 좋은 것으로 하나만을 골라 제작 사용하는 것은 고려되어야 한다. 해체된 기와의 상태를 분석하여 재사용해도 보존에 지장이 없는 것이면 모두 사용하는 것이 옳은 방법이다. 같은 종류 가운데 특이한 것은 전시관에 별도로 보관한 예도 있다.

2) 산자엮기

연목 위에는 산자를 엮고 알매흙을 받게 하는 것이다. 산자는 쪼갠 나무나 대나무 등을 산자 새끼(삼 새끼)로 엮어 설치하는데 근래에는 못을 박아 대거나 비닐 끈으로 묶어 변형되고 있다. 못은 녹이 슬고, 비닐 끈은 흙과 접착성이 좋지 않아 균열이 발생된다.

3) 보토

보토는 지붕 산자 위에 물매를 잡기 위해 펴서 까는 흙으로 진흙, 생석회, 마사토를 혼합하여 사용한다. 이 때 진흙은 부식되지 않은 생토를 사용한다. 목조건물에서 보토는 지붕하중을 많이 받게 하여 보토량을 줄이기 위한 방법으로 흙보다 가벼운 적심을 더 넣게 한다. 대형건물에서는 보토 대신 목재판을 이중으로 설하는 경우도 있다. 이와 같은 방법은 구조변경이라는 설도 있으므로 건물의 보호상 불가피한 현실로 받아들여야 하는 것인지에 대하여는 심사숙고할 사안이다. 보토는 지붕물매를 잡기 위한 방법임과 동시에 동절기와 하절기에 방한과 방열에도 효과가 있는 전통적인 공법인 점도 인식되어야 한다. 특히 보토흙을 줄이기 위해 대패밥이나 톱밥으로 엉성하게 하는 것은 금지되어야 한다. 보토 위에는 누수 예방책으로 강회다짐을 하는데 이 때 함수된 습기로 인해 연목이나 적심 등이 부식되는 경우가 있다. 지붕 속에 잠재된 습기는 제거되어야 하는 것인데 강회다짐이나 기와로 밀폐된 경우에 환기가 되지 않아 부식을 가중시키는 영향에 대하여 검토를 요한다.

4) 강회다짐

강회는 생석회라고도 하며 자연산 석회석으로 물을 가하면 소석회가 된다. 강회다짐은 모래, 강회, 백토를 혼합하여 만든 강회몰탈을 지붕이나 기단바닥에 발라 누수를 방지하고, 포장의 효과를 내게 한다. 시멘트몰탈이나 콘크리트는 질감이 딱딱하고 균열이 나기 때문에 흙과 비슷한 성질의 강회를 사용하는 것이다. 지붕의 누수방지를 위한 강회다짐은 기와가 깨지더라도 상당한 효과가 있다. 강회의 정량을 혼입하면 시멘트몰탈보다 견고하고 균열도 발생되지 않는다.

5) 회벽공사

○ 벽치기는 초벽, 재벽, 정벌바르기로 마감한다.

○ 초벌바름은 모래섞인 진흙과 짚여물을 혼합하여 안쪽에 바른다.

○ 재벌바름은 모래섞인 진흙과 짚여물을 혼합하여 바깥쪽에 바른다.

○ 정벌바름은 진흙에 삼여물 종이여물 해초풀을 혼합하여 이겨서 표면에 바른다.
○ 민가에는 흰색이 나는 회벽을 바르지 않는 것이 전통이었으나 근래는 대부분의 민가에도 회벽을 발라 전통방법에서 벗어나고 있다.

4. 단청

가. 단청의 변화

○ 단청은 퇴색된 단청을 그대로 보존할 것인지? 신색으로 할 것인지에 대한 방침을 필요로 한다.
○ 현상태대로 보존하는 것은 문화재의 원형보존이론에는 타당하나 종교적 측면에서 사찰측은 신색단청을 하도록 강력하게 주장한다. 이런 이견에 대하여는 전문가의 심의 결과에 의존할 수밖에 없다.
○ 1960년대 이후 미색단청이라는 새로운 도색의 방향이 대두되었다 새로 짓는 것은 미색으로 했었고 일부 고건물도 미색으로 도색했었다. 이는 한 시대 특수한 사정이 있었던 것이나 이제는 고건물과 조화를 기하고 원래의 모습으로 환원한다는 차원에서 재정비할 단계가 되었다고 생각된다. 요즘은 사찰측에서도 문화재보존원칙에 의해야 한다는 주장도 있어 문화재에 대한 인식이 높아진 것을 알 수 있다.
○ 서울 문묘나 향교의 단청은 조선시대의 숭유사상에 따라 소박 검소했던 것으로 일부에서는 사찰단청과 같이 화사하게 단청한 곳도 있으나 점차 유교의 원리에 따라 간결한 단청으로 환원되어야 할 것이다.

나. 보존

○ 기존의 단청은 퇴색되거나 박리현상이 나타난다. 퇴색은 단청을 한 후 오랜 세월에 마모되어 색채가 희미하게 되는 것이고 박리현상는 목부나 회벽 위에 시공된 단청의 표면이 들떠 떨어지는 현상이다. 색채가 바랜 것은 햇볕의 자외선과 매연 등에 의해 나타나는 것으로 수백 년의 연륜에 피할 수 없는 현상이다. 박리는 단청안료와 혼합할 때 사용되는 접착제의 접착력이 약해지면 단청이 와해되거나 단청의 바탕이 되는 목부와 벽체에 변형이 발생될 때 단청이 원바탕에서 탈락되게 된다. 건물이 기울 때 벽체도 같이 기울어 압축과 인장에 의해 벽면에 바른 흙도 동시에 변형을 일으키고 벽면이 갈라지거나 들뜸으로 인해 단청도 손상을 입게 된다. 목부와 벽면은 대기 중의 습기를 흡수했다가 발산하고 건조되면 다시 습기를 흡입하는 자연현상에 따라 일정 한도의 습도를 유지하며 일정 한도의 습도는 단청상태를 유지케 하나 과부족 시에는 변화를 일으키게 된다. 근래는 공해(아황산가스)와 먼지로 인해 단청이 쉽게 변질된다. 퇴색

1. 먹당기
2. 먹직휘
3. 색직휘
4. 묶음
5. 낙은동(버선본)
6. 속곱팽이
7. 연화
8. 석류동
9. 속주화
10. 석간주항아리
11. 겉곱팽이
12. 3색항아리
13. 딱지
14. 둘레실
15. 질림
16. 비녀장묶음
17. 온바탕공터
18. 주화
19. 반바탕공터
20. 실엮기(실꼬임)
21. 1휘
22. 2휘
23. 3휘
24. 휘골장식
25. 쇠첩
26. 색붙임
27. 먹분긋기
28. 계풍

〔도79〕 단청의 세부 명칭

을 방지하는 가장 좋은 방법은 진공상태로 하거나 항온항습시설을 하는 것인데 건물에는 그 장치가 쉽지 않다. 따라서 내공해성 안료를 개발하여 사용하고 있으나 천연산이 아닌 화학제품으로 천연산과는 재질과 색감이 다르게 나타난다. 천연안료가 희귀한 현실에서 화학안료의 개발은 불가피하며 자연여건의 변화에 맞추어 새로운 안료의 개발이 필요하다. 박리현상에 대한 처리는 들뜬 부분을 접착시키는 방법으로 조치가 가능하나 퇴색된 단청을 원상으로 환원하는 것은 불가능하다. 단청문양이 부분적으로 탈락된 경우에는 부분고색단청을 하여 현상을 유지케 한다.

○ 고찰이나 궁궐에 신축하는 건물에는 인접건물과의 경관상의 조화를 위해 고색단청을 하는 경우도 있다.

○ 약간 퇴색되었거나 박리현상이 발생된 경우에 기존단청을 무시하고 신색으로 새롭게 하려는 경향이나 이는 잘못된 것

〔도80〕 유교건축 단청(서울문묘, 기둥의 석간주와 뇌록만으로 단청)

이다. 단청도 목재나 석재와 같이 기존의 단청을 보존해야 한다. 신색단청을 하려면 기존의 단청을 모두 긁어내고 목부에 단청바탕처리를 해야 하는 것인데 이 작업은 기존의 단청을 완전히 없애버리는 즉, 문화재를 파괴하는 행위이다. 그동안 무분별하게 신색단청을 해왔으나 앞으로 기존단청의 보존과 변화된 안료 재질을 환원하는 데 노력해야 할 것이다.

○ 목조건물의 화재예방을 위해 방염처리를 하는 것은 방염물질이 햇빛과 습기에 의해 화학반응을 일으켜 백화현상이 일어나기도 하고 박리현상이 일어날 수도 있다. 방염처리는 화재예방을 위하여 필요한 조치이나 이런 불가피한 현상에 대처하기 위해서는 관계전문가의 실험과 연구를 통해 보완되어야 할 것이다.

5. 성벽보수공사

가. 일반사항

고대로부터 성(城)을 쌓아 인군을 호위하고 곽(郭)을 지어 백성을 지킨다는 데 있다고 하였다. 성으로써 성민(盛民:백성을 채움)을 한다. 용(墉)은 성원(城垣)이고 첩(堞)은 성 위의 여원(女垣)이다. 즉 용은 성벽이고 첩은 여장을 뜻한다. 성벽은 높고 장대하나 여장은 낮고 좁은 것을 남자와 여자에 비유하여 지칭한 것이라 생각된다. 또 성(城)은 성(盛:담음)이니 국도(國都)를 성수(盛受)함이고 곽(郭)은 확(廓:훼함)이니 쓸쓸히 성밖에 있는 것이다 라고 한 구절에서 성(城)은 궁궐에 가까운 것이고 곽(郭)은 멀리 있는 외성을 의미한 것으로 풀이할 수 있을 것이다.(영조법식 총석 상에서 인용). 우리나라의 성은 문헌상으로 사기 조선전(史記 朝鮮傳)에 '한(漢)이 위만을 침공했을 때 왕검(王儉)에 이르니 우거(右渠)가 성을 지키고 있었다' 삼국사기에 신라는 금성(金城)(BC 37년), 백제는 마수성(馬首城) 병산책(甁山柵)을 설치하였고 고구려는 서기 3년에

국내성(國內城)으로 천도했다는 기록으로 보아 고대에 이미 성을 쌓았으며 이후 고려, 조선을 통하여 많은 성을 쌓고 수축한 역사를 갖고 있다.

현재 우리나라는 많은 성 가운데 온전하게 보존된 것도 있으나 대부분 현대사회 여건에 밀려 훼철 내지는 폐허된 곳이 적지 않다. 광복 이후 국난극복의 유적과 민족문화유산으로 보존에 심혈을 기울여왔으나 아직 충분하지는 못한 실정이다. 우리나라의 성은 중국, 일본과 수많은 전쟁을 겪어왔음에도 그 맥은 면면히 이어져 내려왔다. 수원의 화성은 세계문화유산으로 등재된 매우 고귀한 유산이다. 성을 보존하고 성벽을 보수하는 데 그 공법을 알고 실행하는 것은 문화재보존의 기본인 것이다.

성곽은 거주주체(도성·궁성·읍성), 목적(행정·군사), 지형(산성 – 산정식·포곡식·평지성·평산성), 지리적 위치(국경성·해안성·내륙성), 축성재료(목책성·토성 – 삭토·보축·판축·석성, 토석·혼축성·전축성), 평면형상(개방·폐합)·중복도(단곽·복곽) 등에 따라 여러 가지 형태로 분류할 수 있다.

성곽의 구성요소는 성벽(체성·여장 – 원총안·근총안·미석) 문루기단, 문루, 암문, 수문, 옹성(용도), 치, 적대, 각루, 해자(황), 연지 등이며 성안에는 궁궐, 관아장대, 군창, 우물, 연지, 가옥, 망루, 봉수 등이 있다. 이 장에서는 문화재보수와 관련하여 성벽의 구조, 재료, 축성공법 등에 대하여 기술하고자 한다.

나. 석성

석성은 돌로 쌓은 성이다. 가장 발달된 성으로 고대로부터 근대까지 축성되었으며 토성 위에 석성을 보축하거나 새로 돌만으로 축성한 것이 있다. 토성이 석성으로 개조된 것으로는 서울성, 남한산성, 공산성 등으로 토성의 약점을 석성으로 개선한 것이다. 토석 혼축성에서 돌이 노출된 경우에 석성으로 오인할 수 있으므로 이 경우에는 축성구조·축성상태 등을 면밀하게 조사하고 구조 내력상 석성으로서의 기능이 가능한가에 대하여 명확하게 밝혀야 한다. 어느 경우에는 하단은 석성으로 남아 있고 중단부터는 토성으로 되어 있는 것도 있다. 토석 혼축성의 상부가 무너진 경우에도 하부에 돌이 남아 있어 석성으로 오인될 수도 있다.

우리나라는 산지나 평지에서 질이 좋은 돌이 많이 생산되어 대부분 석성으로 쌓은 것이 많다. 석성의 형식은 경사지에 쌓은 내탁성과 평지에 쌓은 협축성으로 구분된다. 내탁성은 경사지의 안쪽을 절토하여 바깥쪽에 성벽을 쌓고 안쪽은 경사지에 의지하는 것으로 성벽이 한 쪽에만 쌓인 성이다. 협축성은 성의 양쪽면에 석벽을 만들어 세워 쌓은 성이다.

성벽의 단면은 수직 내지는 약간 경사진 것으로 보이나 실제는 경사진 것이다. 돌을 쌓을 때 상하돌이 전면에서 수직으로 맞닿게 쌓는 것이 아니라 하단 돌에 상단 돌을 쌓을 때 약간 들여쌓고 돌면도 미세하게 경사지게 다듬어 쌓는다. 따라서 하부에서 상부로 올라가면서 경사도가 생기는 이와 같은 공법을 성규형 쌓기라고 한다. 일본의 성벽은 경사가 매우 심한 편이며 우리나라의 성벽과 같이 들여쌓기를 하지 않은 다른 점이 있다. 중국의 성벽단면은 우리나라와 유사하나 경사도에 차이가 있다. 성벽의 경사도는 고대에서 완만하고 중세 근세로 내려오면서 경사가 거의 수직에 가까울 정도로 심해진다. 성규형 쌓기에서 돌을 물려 쌓은 정도는 고대성에서 많이 두고 근대에 적게 두었다. 고구려성의 경우 퇴물림(성규형물림)은 최대 10cm 이상 된 것도 있으며 근세의 성에서 퇴물림은 최대 6cm 정도가 된다. 또한 퇴물림은 성의 하부에서 많이 두고 상부로 올라가면서 점차 줄어들다가 최상부에서는 수직으로 된다.

석성은 체성과 여장으로 구성된다. 체성은 장방형 또는 방형의 돌을 사용하고 하부 돌은 큰 장대석으로 쌓고 상부로 올라가면서 점차 돌의 크기와 뒤뿌리가 작아진다. 이런 현상은 하부에 중량을 많이 받고 상부에서 점차 줄어드는 데 대한 구조적인 방법이다. 근대성에서 체성과 여장 사이에는 미석을 둔다. 미석은 체성과 여장 사이를 구분하는 것으로 성돌과 같이 두께가 두껍지 않고 7~9cm 정도의 얇은 박석으로하며 마름성돌과 같이 가공하지 않고 자연 박석을 사용한다.

성돌은 면을 정교하게 가공한 것과 가공하지 않은 것이 있다. 고대성은 성돌의 표면을 정교하게 가공하지 않고 성돌을 채취할 때의 면을 그대로 사용하였다. 오랜 세월에 풍화되어 자연석처럼 보이므로 자연석이라고 하나 원래부터 큰 암반에서 성돌로 절취하여 사용한 것이며 자연 상태대로 있었던 것을 사용한 것은 아니다. 이런 성돌은 사방의 면이 완전하게 모가 맞추어지게 쌓지는 않았으나 대충 맞추어 축대의 모습을 갖추었다. 조선 후기의 성벽은 성돌을 정교하게 가공하여 사방의 모가 잘 맞추어지게 쌓았다. 조선시대의 성벽 가운데 산성에는 고대성처럼 가공하지 않고 난석으로 쌓은 성벽도 있다.

성돌의 형태는 돌 생산지의 석질에 따라 다르게 나타난다. 삼년산성은 돌이 납작한 편마암을 층층으로 잘 맞추어 쌓고 상당산성·해미읍성 등은 화강암을 메주덩어리와 같은 형태로 장방형으로 다듬어 쌓았다. 어떤 형식이든 성의 단면은 내측으로 미세한 경사를 이루었으며 성규형쌓기를 하였다. 성규형쌓기는 성벽의 시각상 안정감도 있게 한 것이지만 구조적으로 밀려날 것에 대비하여 미리 안쪽으로 밀어넣어 놓은 것이기도 한다. 또한 면을 맞추어 쌓을 때 어려움보다는 안쪽으로 들여쌓기가 더 쉬운 점도 있었을 것이다.

성돌은 면석이 길고 두꺼운 것과 비교하여 뒤뿌리도 면과 비례하여 길게 한다. 체성의 2~3단 사이에 뒤뿌리가 긴 것을 사용했는데 이것을 심석이라고 한다. 심석이 다른 성돌을 중압적으로 눌러 성돌의 이완을 방지하려는 것이다. 성돌 안쪽에는 적심을 채워 넣었다. 적심은 돌을 밀실하게 다져 넣었다. 흙으로 채우는 것은 성벽이 견딜 수 없으며 물이 들어가면 면석을 밀어내어 쉽게 붕괴된다. 체성과 여장의 안쪽에는 군졸이 통행할 수 있는 답도를 둔다. 답도는 성 안쪽으로 경사를 두어 빗물이 성벽으로 유입되는 것을 방지한다. 체성의 어느 부분에는 수구를 설비하여 성안의 우수가 성밖으로 배출할 수 있게 하였다. 우수는 성벽을 물러나게 할 수 있고 겨울에 얼면 얼음이 팽창하여 성을 밀어낼 수 있다. 따라서 성벽에 모이는 물을 밖으로 배출할 수 있는 수구가 반드시 있었다. 수구와 인접된 곳에는 물을 저장할 수 있는 연못이 있는 성도 있다. 성안에서의 식수는 우물이 있으나 우물물이 부족한 경우에는 연못의 물도 사용하였다.

여장은 성돌에 비하여 아주 작은 돌을 사용했다. 여장 돌의 크기는 사괴석 정도의 크기(면 사방 15cm 정도)이며 가공은 하지 않고 자연스럽게 쌓았다. 여장의 높이는 1.2m 정도이며 두께는 0.9m 내외로 작은 규모이다. 여장의 한 구간을 타(垜)라고 하는데 타에는 총안(銃眼) 2~3개를 둔다. 총안은 원총안과 근총안으로 구별되는데 원총안은 멀리 있는 적을, 근총안은 근접한 적을 총으로 공격할 수 있게 한 것이다. 원총안은 총안 바닥을 수평으로 하고, 근총안은 경사지게 한다.

여장은 돌로 쌓은 것과 전돌로 쌓은 것이 있다. 돌로 쌓은 여장은 덮개를 넓은 박석으로 하고(서울성곽·상당산성·고창읍성), 전돌여장은 포방전으로 덮개를 하였다(남한산성·수원성). 여장은 오랜 세월에 무너져 없어진 성도 많이 남아 있다. 여장이 없을 때 여장이 있었던 것으로 가정하고 여장을 복원하는 것은 오류를 범할 수 있다. 처음부터 여장을 쌓지 않을 수도 있기 때문이다. 여장의 고증이 명확하지 않은 경우에는 현상유지토록 해야 할 것이다.

다. 성돌 재료

성돌은 축성한 곳의 인근에서 채취하여 사용하였다. 우리나라의 석질은 화강암계가 주를 이루어 화강암이 주로 사용되었으나 다른 석질이 생산된 곳에서는 그 지역의 석질에 따라 응회암계, 수성암계 등의 돌이 사용되었다. 석질은 강도에 영향이 크게 미치는 것으로 질이 좋은 화강암 성벽은 내구연한이 장기간이나 질이 약한 응회암 성벽은 돌이 풍화되어 내구성이 좋지 않다. 특히 석회질이 많이 함유된 석재는 풍화가 시작되면 매우 빨리 진행되어 돌이 푸석거리고 약화되어 상부의 하중을 받아내지 못해 성벽의 중간부분에 구멍이 나거나 도괴되는 사례가 있다(보은 삼년산성, 단양 적성, 온달산성 등)

〔도81〕 남한산성〈북문 동측〉 2005. 7 발굴조사현장-성벽기저부와 군포지, 집수구 등 발견

일반적으로 서울 근교와 전북지역의 화강암석질은 견고하지만 충북 단양, 경남·전남, 남해안 지역은 수성암계 석질로 고건축에 사용했던 석재 풍화도가 심하게 나타난다. 석재는 일단 풍화가 시작되면 보존이 쉽지 않고 풍화속도가 가속된다. 풍화방지대책이 매우 중요한 것이나 아직 그 대책은 전세계적으로 불투명한 상태이다.

근래에는 보충석재를 구하는데 자연보호를 위해 채석이 어려워 다른 지역의 돌을 운반해 사용하는 경우도 있다. 불가피한 사안이라고 할 수도 있을 것이나 이는 기존의 성돌과 강도, 색채, 질감이 달라지는 현상이 나타나며 원론적으로 성 축조 당시에 인근에서 수집하여 축성했던 것과는 다른 현상이다. 문화재관리 초창기에는 질이 좋은 석재를 사용한다는 취지로 원거리에서 운반하는 사례도 있었으나 이는 옳은 방법은 아니었다.

보충석재는 인근에서 기존의 석재와 같은 것을 사용했을 경우라도 구재는 색이 퇴락되어 고색이 나지만 신재는 하얀 색으로 조화를 이루지 못한다. 이런 상태는 시민들로부터 비난을 받게 되는데 크게 염려될 일은 아니라고 생각한다. 신재도 어느 정도 시간이 흐르면 풍화되어 기존의 성돌과 별 차이가 나지 않는다. 돌의 가공은 근래 기계화로 인해 옛날처럼 인력 가공을 하지 않으므로 질감이 다르게 된다. 옛날에는 석산에서 돌을 인력으로 파취하여 인력으로 가공하였으나 근래는 인공작업이 거의 사라지고 기계로 절단 가공 조립을 하는 경향이다. 이런 상태로 계속 나아가다가는 어느 시점에서 전통기법은 사라질 우려도 없지 않다. 성을 보수할 때 보수범위는 성벽의 안전상태 성돌이 무너져 축적된 상태 등을 파악하여 어느 부분까지 보수대상으로 할 것인지에 대하여 먼저 정해야 한다. 성벽을 기초부터 여장까지 완전하게 보수하려는 것은 지양되어야 할 것이다. 가장 기본적인 것은 문화재보존의 기본원리인 현상보존의 원칙에 따라 현 상태에서 더 이상 훼손되지 않도록 보전하는 것이나 관광효과 내지는 관람객의 안전보장을 위해 여장까지 복원하는 경우도 있다. 성돌은 무너진 상태의 것을 수습하여 복원적인 차원에서 보수하는 것이 가장 타당하지만 성벽 밑에 무너져 쌓인 돌을 수습할 때 이 무너진 돌이 성의 기저부를 받치고 있어 성벽이 안전하게 유지되는 경우도 있다. 이런 때 돌을 제거하면 성 기저부가 약화되어 오히려 성벽을 불안전하게 할 수도 있다.

성벽의 보수는 이미 무너진 부분은 그대로 존치해 두고 무너질 우려가 있는 부분에 한하여 보강적인 차원에서 보수해야 할 것이다. 여장이 없어 관람객의 안전에 문제가 있으면 관람동선을 통제하여 접근하지 못하도록 해야 할 것이다.

라. 보수범위

○ 보수범위는 붕괴되어 있거나 이미 인멸된 모든 부분의 조사를 선행하여 그 범위를 정한다.

○ 성벽의 현상유지관리를 위해 성벽의 도괴위험이 있는 부분을 우선 보수토록 한다.

○ 관람주동선상에 도괴위험부분을 우선 보수범위로 한다.

마. 보수방침

○ 사전조사를 하지 않고 공사계약이 이루어진 경우에는 공사 착공시에 조사를 선행하여 보수방침을 재확인하도록 한다.

○ 고대성은 대부분 상부가 무너지거나 유실되어 있다. 상부 구조와 양식의 고증은 쉽지 않다. 따라서 상부까지 완전하게 복원하는 것은 세심한 주의를 요한다. 성은 한결같이 같은 형태와 구조로 된 것이 아니고 여러 가지 양상이기 때문에 한가지로 통일하여 복원할 수 없다. 고증이 확실하지 않은 것은 오판할 수가 있기 때문이다. 또한 성의 기능과 필요성이 없는 현대에서 고증이 확실하지도 않은 성을 비슷하게 만드는 것은 모조품과 같기 때문이다.

○ 성의 보수는 무너진 부분만을 보수하고 더 이상 도괴되지 않도록 하여 유적으로 남겨 두는 것이 성 보존의 기본이다.

○ 성이 도괴, 훼손된 원인은 토압에 밀리거나 동절기에 유입된 물이 얼어 팽창하면서 성을 밖으로 밀어낸다. 빗물에 성돌이 밀려 나가기도 한다. 성벽 주위에는 반드시 배수로를 설치하고 매립된 토사를 제거해야 한다.

○ 성의 보수는 붕괴된 상태에서 돌을 보충하여 무너진 부분만을 보수해서는 안된다. 토성이든 석성이든 간에 성의 축조는 평면상태로 다짐을 하면서 높게 쌓아 올라간다. 평면적으로 돌을 깔아 전후·좌우의 돌이 서로 물리게 하고 전면에는 3~4단을 쌓고 한 단은 뒤뿌리가 긴 심석으로 눌러 돌이 빠져 나가지 않도록 하였다. 이렇게 해도 오랜 세월이 지나면 어느 부분에 약화된 곳이 있어 붕괴 된다.

○ 보충석은 성 주위에 흩어져 있는 기존의 성돌을 최대한 수습하여 현재의 성벽돌과 색상 및 질감이 비슷한 것을 사용한다.

○ 성벽은 성돌이 무너져 쌓여 있는 곳이 있는데 보수 시 성벽 기저부의 돌을 모두 제거 수습하면 기저부가 약화될 수 있으므로 안전성조사를 하여 시공에 임해야 한다.

○ 성벽은 본성의 보강을 위해 기저부에 2~3단의 보축을 하는 경우가 있다. 보축한 부분을 성돌이 무너져 쌓인 것으로 보고 성벽의 높이를 원형을 찾아 보수한다는 구실로 보축된 성돌을 모두 제거하면 성벽이 터무니없이 높아지고 보축성을 잃게 되어 결국은 성의 원형을 변형하는 결과를 초래케 된다. 또한 구조 안전상의 문제가 발생된다.

○ 성을 보수하기 전에 성 안과 밖에 대한 정밀 조사가 선행되어 성의 기능과 구조가 분석되고 보존범위도 성벽만이 아니고 성안의 시설과 용도가 밝혀지고 종합적인 정비계획을 수립하여 점차적으로 성의 정비를 하도록 한다. 성은 성벽 그 자체만으로도 문화재적인 가치가 있으며 성 안팎의 시설과 기능 즉 성내 기존 건물, 우물, 연지, 저장공, 해자, 전투 및 방어 장소까지도 밝혀 보존함이 타당하다.

바. 주위정비

성벽은 성벽자체뿐 만 아니라 그 주위도 보존해야 한다. 성의 안팎은 성벽과 함께 기능을 갖고 있다. 성벽 내부는 군졸이 순찰하고 전쟁시 방어행동을 할 수 있는 역할에 필요한 환도(통로)가 있다. 성밖은 외적의 접근을 경계할 수 있는 시야의 확보가 필요하다. 성벽 위나 성벽 안팎에 나무를 심지 않았다. 오랜 세월에 교목으로 자란 것은 성 본래의 기능을 저해하는 것으로 나무를 존치하든 제거하든 상당한 주의가 필요하다. 관계전문가의 자문을 받아 처리해야 한다.

성벽으로 통행하는 옛길은 오랜 세월에 수림이 우거지거나 길이 폐쇄된 곳이 있다. 원래 있었던 옛길은 다시 찾아야 한다.

사. 자재준비

성벽보수에 필요한 석재는 기존의 돌과 생산지역, 재질, 강도, 색상이 유사한 것을 사용한다는 설과 전혀 다른 재료를 사용해야 한다는 설이 있다. 전자는 조화를 위한 것이고 후자는 기존과 보수한 상태가 구분되어 분별이 가능할 수 있게 한다는 것이다. 두 설은 보존철학적인 사안으로 보는 사람과 생각하는 사람에 따라 견해가 다를 수도 있을 것이며 어느 설이 정설인가에 대하여는 나라와 시대와 주장자에 따라 다른 것이다. 현재 우리나라의 실태는 전자를 택하고 있다. 전문가의 견해라 할지라도 관람자들의 평가가 다르면(여론이 일어나면) 보수방침이 변하는 것은 시대적인 상황인 것이다. 그동안 성벽보수에 대하여 신재를 사용하여 색상이 다를 경우 성벽보수를 잘못했다는 여론이 있었다(보은 삼년산성, 서울 북한산성 등). 이런 이유 때문에 풍화되지 않은 흰색 돌에 풍화되는 것처럼 보이게 하기 위해 기존과 같은 색상으로 고색처리를 하면서 색을 입힌 경우가 있다. 이런 처리는 자연풍화현상에 거역되는 것이다. 새 돌은 수년이 경과되면 풍화가 되어 기존의 것과 별차이 없이 변화하는 것을 성급하게 잘못되었다고 하는 것은 잘못된 생각이다. 일본 오사카성(大阪城)은 수십 톤이 되는 성돌을 신재로 교체 보수해 놓았는데 십여년이 경과되면서 기존의 돌과 새로운 돌이 잘 구별되지 않을 정도로 풍화가 되었다.

이들은 문화재전문가들의 자문을 받아 보수한 것에 대해 왈가왈부하지 않았다. 보수 당시에 수 십 년 후의 상황에 대해 예측을 하면서 전문가의 견해에 따른 것이다. 서구에서 문화재수리는 기존의 것과 새로운 것이 구별되어야 한다는 설은 역사적인 진실성(AUTHENTICITY)을 구현한다는 것으로 타당성이 있는 반면에 조화에 대한 추구도 대두되고 있다. 우리나라의 실정은 조화를 추구하는 쪽에 더 치중한 것으로 생각된다. 지금은 문화재를 수리하면서 설계도면을 작성하고 사진촬영을 하여 보수기록을 함으로써 변화내용을 기록하는 것은 서구의 보존설인 진실성을 확보하는 것이라고 생각된다.

아. 기초공사

성의 기초는 보수할 때 기초의 침하, 균열, 이탈 등의 현상을 사전에 조사한다. 대부분의 기초는 원상대로 안전한 상태이나 성벽의 하부가 상부에서 무너진 돌 또는 흙으로 묻혀있는 경우가 있다. 지표상부가 묻혀 있을 때 내부의 상태를 알 수 없으므로 시굴조사를 한다. 성벽이 완전히 훼철되어 육안으로 그 상태를 판단할 수 없는 경우에도 시굴조사를 하여 기저

〔도82〕성벽의 심석(A)

부의 위치, 기저부의 상태를 확인 조사한다. 기초부분의 이상여부에 대하여는 경험이 충분한 고건축가의 판단에 맡기는 것이 좋다. 기계적인 안전진단이나 경험이 없는 기술자의 판단은 오류를 범하기 쉽다. 무경험자는 성벽의 지하기초와 성벽축조방법에 대하여 경험이 없으므로 기계에 의존하여 약간의 이상만 있어도 불안전으로 판정하는 사례가 있었다. 이상이 없는 것으로 판단되더라도 보수에 임하여는 주의를 기울여야 하는데 기술적인 안전 확보를 위하여 시굴조사로 불안한 경우에는 지내력 시험을 하여 공학적인 해석을 필요로 한다.

기초부위에 쌓인 흙은 제거하여 성 기저부를 노출하는 것이 좋으나 무너진 성돌로 덮여진 경우에는 덮인 성돌이 보축의 역할을 할 수 있다. 이 돌을 제거할 경우에 성벽에 미칠 영향을 고려해야 한다. 또한 성벽 밑에는 바깥쪽으로 1단 내지 2단으로 보축성을 쌓은 경우도 있으므로 이와 같은 성의 구조에 대한 조사가 선행되어야 한다.

이와 같은 조사와 방침에 따라 기초부분에 이상이 없는 것으로 판단될 경우에는 해체하지 않고 그대로 위의 성벽을 보수한다. 기초부분에 이상이 있는 경우에는 지반침하, 물러남, 성돌의 균열 등에 대한 처리를 해야 한다.

성벽은 하부에 기초와 성벽 사이에 지대석을 설치하여 구분한다. 지대석은 기초를 눌러주고 상부성벽을 받는 부재로 큰 돌을 사용했다. 지대석은 성벽돌보다 큰 것을 사용하였으며 뒤 뿌리는 성벽에 심석을 사용하는 것과 같이 3~4개의 지대석을 설치한 다음 뒤 뿌리가 긴 지대석을 축조하였다. 뒤뿌리가 긴 지대석이 양쪽의 지대석이 밀려나지 않도록 하는 공법이다.

성벽의 기초는 장대석을 층층으로 겹쳐 쌓고 뒤채움돌을 충전하는 적심석식방법과 습지에는 적심석 밑에 나무말뚝을 박아 연약지반을 보강하는 방법이 있다. 습지에 박은 나무말뚝은 항시 습해서 충으로 인한 부식을 방지할 수 있는 것이다. 지

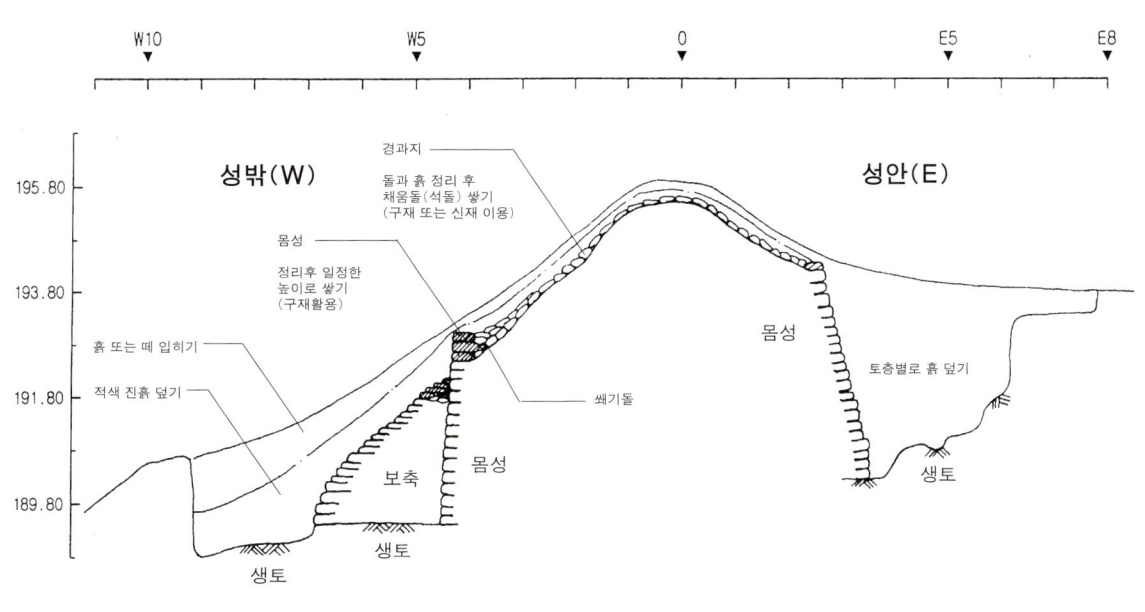

〔도83〕 서울 아차산성 성벽 단면도

받침하는 성벽의 외벽에만 나타난 것인지 성벽 속에서도 나타난 것인지에 대한 판단은 쉽지 않다. 그러나 성벽은 산성인 경우 암반 위에 축조되고 평지에서는 상당히 깊은 곳까지 지정을 하므로 기초침하로 인하여 훼손되는 경우는 거의 없는 것으로 보아도 무리는 아니다.

자. 성벽보수

성벽의 입면형식은 건물의 기단이나 축대와 같이 줄눈의 형태에 따라 막쌓기, 허튼층쌓기, 바른층쌓기 등이 있고 돌의 가공정도에 따라 마름돌쌓기(황절석 : 채석장에서 소요치수와 대강의 크기로 켜낸 돌)와 다듬돌쌓기(마름돌을 소요의 치수와 돌면이나 모서리를 곱게 다듬은 것)로 구별되며 돌쌓기는 줄눈의 형태와 마름돌쌓기가 혼합되어 축조하는 방식이 있다. 이들 형식은 축조시대, 축조위치, 축성여건 등에 따라

〔도84〕 성벽이 붕괴된 단면상태(보은 삼년산성, 신라시대)

다르게 나타나는데 세부형식에 있어서는 모든 성이 획일적으로 통일된 것이 아니고 같은 성일지라도 쌓은 석공에 따라 조금 다른 것이 있다.

돌 표면의 가공상태는 마름돌면을 그대로 사용하는 것, 혹두기, 정다듬, 도드락다듬 등의 거친 면이 있고, 표면을 매우 정교하게 하는 잔다듬이 있다. 이들 가공정도는 성벽의 축조시대, 위치, 기능 등에 따라 다르게 나타난다. 표면 가공과 더불어 면의 모서리를 다듬어 성벽의 모양을 갖추는 것도 있으며, 뒤뿌리 쪽은 수평으로 하지 않고 미세하게 경사를 지운다. 상부돌과 하부돌이 수평이 되면 미끄러져 물러나게 되고 잔돌이 면석틈에 끼어질 수 없어 돌과 돌의 접속을 견실하게 할 수 없게 된다.

성돌쌓기는 앞장에서 설명한 바와 같이 성규형으로 쌓아 성벽을 안정감 있게 하며 돌이 밀려나는 현상에 미리 대비해 놓은 것이다

성벽을 보수하면서 면석은 매우 장대하나 뒤뿌리가 너무 짧아 도괴되는 경우가 있다. 면석과 뒤뿌리의 비례는 뒤뿌리의 길이가 면석의 긴 쪽의 한 변 길이와 거의 같은 정도이며 뒤뿌리가 이보다 짧은 경우에는 성벽이 물러나거나 균열되는 등의 취약점이 있다.

〔도85〕 성벽단면상태(청주 상당산성, 균열부 안정상태, 조선시대)

〔도86〕 광주 남한산성 보수(검은색 구재, 흰색 신재, 조선시대)

〔도87〕 일본 오사카성 보수(검은색 구재, 흰색 신재, 16세기)

성벽의 속을 충전하는 적심석은 성돌의 일부로 견실하게 하는 것이나 잡석과 흙을 혼합하여 부실한 성은 비록 옛 성이지만 이런 성은 붕괴되었다. 보수하는 경우에는 적심과 적심이 서로 사방으로 얽혀 서로 빠져나오지 않도록 해야 한다. 또한 적심돌이 면석에 끼어져 면석과 적심석이 서로 물려있게 해야 한다.

성벽의 맨 위 단의 성돌도 성돌 3~4개 사이에 심석을 두어 견고하게 고정되어야 한다. 성벽에는 성안에서 밀려드는 물이 빠져나갈 수 있는 배수구가 필수이다. 배수구가 없으면 집수된 물이 서서히 성벽을 밖으로 밀어내어 붕괴의 원인이 된다.

차. 여장보수

여장은 체성 위에 설치되어 적을 방어하는 시설로 아군의 몸을 감추고 성밖의 외적을 공격할 수 있는 시설이다. 여장은 삼국시대로부터 고려, 조선을 통하여 지속적으로 축조 유지되어 왔으나 근래 성이 방어시설로 무용지물이 되면서 인멸 훼손된 곳이 많으며 여장이 있었는지 없었는지조차 애매한 경우가 있다. 이런 경우 발굴조사를 거쳐 확인하여 보수해야 할 것이다. 여장의 구조는 돌로 쌓은 것과 전돌로 쌓은 것이 있다. 돌로 쌓은 것은 성돌보다 훨씬 작은 사괴석 크기의 돌을 양면으로 쌓은 것이다. 속채움은 잔돌을 채워 넣고 덮개돌을 덮어 마감한다. 여장돌 쌓기는 성벽과 같이 규형쌓기를 하여 약간의 경사를 이룬다. 줄눈을 바르는 것과 바르지 않은 것이 있다. 줄눈의 시공은 현황을 철저하게 조사하여 방법을 정해야 한다. 속채움에는 강회몰탈이나 시멘트몰탈을 혼합하지 아니한다. 강회나 시멘트 몰탈을 채우면 백화현상이 일어나 표면이 백화자국이 나서 외관상 좋지 않다.

〔도88〕 수원성(화성, 조선시대, 1796)

전돌여장은 외벽을 전돌로 쌓고 포방전을 덮어 마감한다. 속채움은 돌여장과 같다.

돌쌓기 형태는 돌이 수평 수직으로 통줄눈이 생기게 쌓지 않고 어긋나게 자연스럽게 한다. 돌은 일률적으로 같은 규격이 아니고 인력 가공한 것으로 크기가 다르다. 또한 성벽과 같은 방법으로 여장 하단에서 상단으로 올라가면서 점

〔도89〕 일본 오사카성(16세기)

〔도90〕 중국 만리장성(명대, 1368~1644)

차 돌의 크기가 작아지게 한다. 돌표면의 가공은 잔다듬을 하지 않고 쪼갠 면이 그대로 노출되게 한다. 전돌여장의 경우 전놀은 전놀제작시 면이 바른 것이므로 그대로 사용한다. 전놀은 규격이 작은 것이므로 접착몰탈을 사용하는데 강회몰탈도

한다. 면에는 수평 수직 줄눈으로 마감한다. 여장돌이나 전돌은 기존의 규격을 실측하여 기존의 크기대로 제작하여 사용한다. 일반벽돌 크기로 제작하면 여장 높이와 타의 길이가 달라지게 된다.

여장이 훼손되어 일부분이 남아 있는 경우에는 높이의 산정에 차이가 날 수 있으므로 여장 밑부분을 시굴 조사하여 원 지반을 찾아 그 높이를 산정해야한다.

여장에 설치하는 총안은 원총안과 근총안의 개수, 크기, 설치높이를 면밀하게 조사하여 설계 시공해야 한다.

여장이 훼철되어 그 형태가 남아 있지 아니한 경우에는 고증에 충실해야 하고 가상적으로 설치하는 것은 좋지 않은 방법이다.

6. 석탑 보수

가. 일반사항

우리나라의 석탑은 삼국시대 말기인 서기 600년경으로 추정되고 있다. 불교가 도입된 후 4세기 후반부터 6세기 말까지는 목탑이 건립되었으며 목탑기술이 석탑을 발생케 한 동기라고 할 수 있다. 삼국시대 석탑을 건립한 후 1천 5백년이 지나고 고려, 조선시대를 거쳐 세운 탑도 오랜 세월이 지남에 따라 풍화에 의한 마모와 도굴 등으로 인한 훼손이 적지 않았다. 석탑의 유구로는 익산 미륵사지석탑(백제)이 그 효시이며, 경주 분황사 석탑(신라), 경주 감은사지 동·서탑, 경주 불국사 삼층석탑(석가탑)과 다보탑, 구례 화엄사 사사자삼층석탑(통일신라), 예천 개심사지 오층석탑, 서울 국립중앙박물관소장 경천사지십층석탑(고려), 서울 탑골공원 내 다층석탑, 양양 낙산사 칠층석탑, 여주 신륵사다층석탑(조선) 등이 그 대표적인 예 라 할 수 있다.

나. 석탑의 구조 형식

일반형 석탑의 구조는 지대석, 기단부, 탑신부, 상륜부로 구성된다. 기단부는 이중기단으로 형성되며 상층기단은 하층기단보다 높다. 기단부의 덮개돌을 갑석이라 하고 탑신부의 덮개석은 옥개석이라고 한다. 탑의 층수는 기단부의 갑석을 제외하고 탑신부의 옥개석의 개수대로 층의 층수를 계산한다. 상륜부는 노반에서 시작되어 상부로 올라가면서 복발, 앙화, 보륜(수단), 보개, 수연, 용차, 보주로 구성되며 이들 상륜부는 찰주라고 하는 쇠기둥을 각 부재의 중심에 구멍을 뚫어 고정한다. 우리나라 대부분의 탑은 상륜부가 유실된 상태이며 남원 실상사탑의 상륜만이 원형을 유지하고 나머지는 대부분 그 원형을 잃고 있다. 따라서 상륜부를 복원하는 경우에 이 탑을 기본으로 한다. 기단부의 구성은 탑신부보다 면적이 넓어 단일

부재로 하지 않고 두 개 이상의 부재를 길이로 맞대게 한다. 하대와 상대는 외부는 석재로 감싸고 내부는 돌을 채우거나 빈 공간으로 둔다. 일층부터의 탑신부는 면석과 갑석을 두 개 이상으로 한 것과 단일부재로 한 것이 있다.

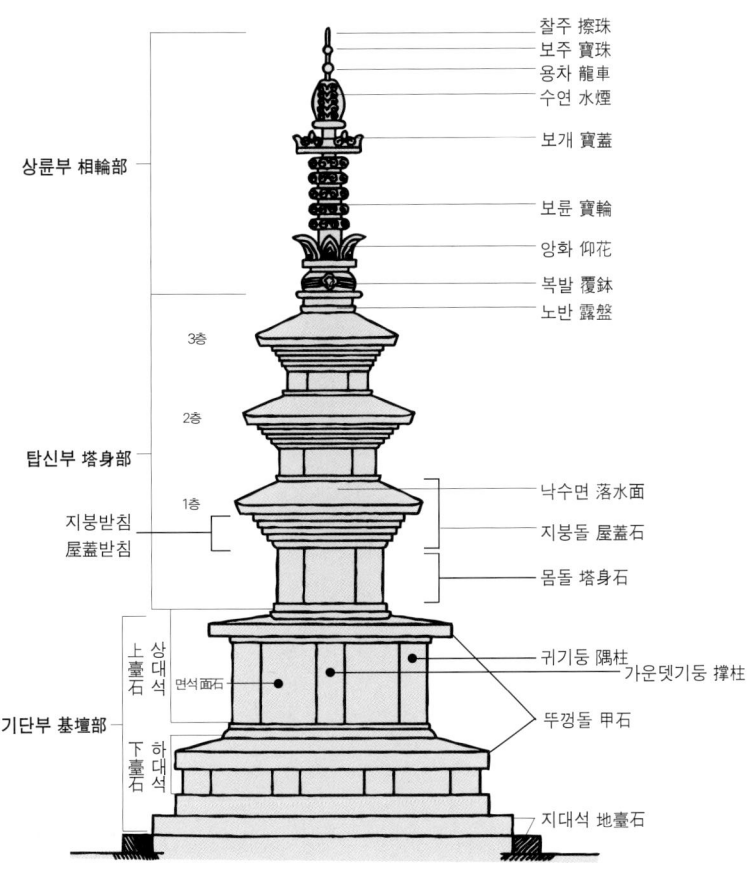

〔도91〕 석탑의 각부 명칭도

다. 석탑보수의 실례

1) 익산 미륵사지 석탑

우리나라에서 가장 오랜 된 탑이다. 근래 6층까지 훼손된 상태로 남아있었던 것을 국립문화재연구소에서 고증 조사하여 9층탑이었던 것으로 밝혀졌으며 일제강점기에 콘크리트로 보강해 놓았던 것을 보존대책을 강구하기 위해 2001년부터 완전해체하여 보존처리를 하고 있다. 동탑은 완전 도괴되어 있었던 것을 고증에 의거 9층으로 1990년에 복원하였다. 이 탑은 우리나라 탑의 효시라고 한다. 석탑은 목탑에서 시원된 것이라고 하는데 이 탑의 형식은 목조 가구기법이 잘 표현되어 있다. 기단부는 목조건물과 같이 장대석으로 낮은 기단을 두르고, 일층탑신부는 정면 3간 측면 3간의 정방형으로 되어 있다. 기둥과 기둥 사이에는 새 기둥을 세우고 중앙간

〔도92〕 익산 미륵사지 석탑(백제시대, 일제강점기 콘크리트로 보강한 것을 완전해체 보수 중)

은 개구부로 출입구가 있고, 좌우는 돌벽으로 막혔다. 기둥머리에는 창방을 설치하고 창방 위에 평방을 올렸으며 평방 위는 목조건물의 고창에 해당되는 면을 판석벽으로 하였으며, 판벽 위는 공포에 해당되는 층을 3단의 옥개석받침으로 하였다. 탑신의 중심에는 거대한 방형석주를 세웠는데 이 석주는 목조건물의 심주에 해당되는 것으로 상부의 육중한 하중을 받치고 있는 것이다. 이층 이상의 탑신부는 일층보다 훨씬 낮게 하였으며 일층 기둥 위의 판석벽이 없어졌다. 옥개석은 얇고 넓으며 네모서리에서 약간의 반전(反轉)을 보이고 있다. 이층 이상의 옥개석은 위로 올라가면서 폭이 일층보다 현저하게 줄어들었으며 옥개석받침과 반전은 일층과 같은 형상으로 되어 있다. 특히 각층의 기둥이 배흘림으로 된 것은 목조건축의 초기 형식인 주심포형식을 취한 점이다. 이 탑은 후에 부여 정림사지오층석탑으로 이어져 석탑의 기본형식으로 정립되게 하였다. 이 탑과 대칭으로 서있었던 동탑은 앞에 설명한 바와 같이 1990년대에 복원을 하였다. 동탑을 복원하면서 탑지에 도괴되어 쌓여 있었던 석탑의 모든 부재를 재사용하여 복구하려 하였으나 결과는 신재보충이 너무 많아져 도괴된 상태의 석탑을 복원하는 것은 매우 어렵다는 결과를 초래케 하였다. 실제 구재의 재사용은 기존의 석재가 오랜 세월에 무너진 상태대로 남아 있었던 것이 아니고 부재가 유실되어 제 짝을 찾을 수 없었고, 균열된 것, 풍화된 것 등의 상태는 원상복구가 거의 불가

능하였다. 따라서 복원공사는 당초의 구상과는 다르게 신재보충이 대부분이었다. 또한 준공 후의 구조상의 문제도 안고 있다. 하부석재는 상부의 하중으로 미세하게 균열이 발생되는 점이다. 균열이 탑의 지탱에 큰 영향은 미치지 않더라도 균열이 발생된 것은 시공기술상의 문제라기보다는 석탑의 재질과 구조상의 취약점에서 발생될 수 있는 것이다. 석조뿐만 아니라 목조건축도 건축 후 영구성은 보장되지 아니한다. 그러므로 문화재의 수리와 보존대책을 필요로 한 것이다. 문화재보존은 원형보존이 기본이지만 창건 당시부터 잘못된 경우에는 후대의 보수시에 보강하지 않으면 안 된다는 것을 인식해야 할 것이다. 그리고 보수시에는 기존의 부재에 대해 보존처리와 보강을 철저하게 하여 재사용하는 데 시간과 예산을 아끼려 하지 말고 보존과 원부재의 재사용에 최선을 다해야 할 것이며 부득이 재사용이 불가한 경우에는 보관하여 존치해야 하는 것이다. 동탑을 복원한 이후 기존의 석재는 보이지 않고(아마도 적심석으로 사용되었을 것으로 추정) 신재만 눈에 보일 때 구재처리에 대한 의구심은 물론 구재를 보고 싶은 향수와 같은 심정은 매우 안타까운 일이다. 지금 서탑은 건설도급공사로 하지 않고 국립문화재연구소에서 직영으로 시행하고 있다. 직영조직은 석탑조사단을 고건축 문화재기능자(한식석공, 드잡이공) 보조과학자로 구성하였다. 예산을 충분히 책정하고 조사기간을 제한하지 않고 시행중이다. 병원에서 환자를 치료하는 것과 다름없이 문화재수리병원을 운영하는 것이다. 지금까지 우리나라의 문화재보존역사상 가장 이상적인 해체와 조사를 시행하는 것이다. 그럼에도 복원시에 불가피하게 발생될 수 있는 문제를 해결하는 방안에 대하여 고심하고 있다. 문제점이란 석탑이 붕괴된 원인규명, 풍화된 기존부재의 약화, 인멸된 부재의 보충재, 기존부재의 제짝 찾기, 짝을 맞출 때의 접착, 접착 후의 하자 등 물리적인 면과 물리적인 면이 해결되더라도 문화재보존의 철학적인 견해차이, 기존의 고색창연했던 상태에 대한 향수 등은 사람에 따라 다르게 표현, 감상될 수 있다는 점이다. 또한 복원 후에 일어날 수 있는 하자(동탑에서 보이는 것), 건축용재의 불안전성, 옥외에서의 자연 풍화로 인한 하자 등에 대한 문제가 발생될 것이다.

2)경천사 다층석탑(국립중앙박물관 소장)

경복궁 경천사 다층석탑은 보존의 최상을 검토한 결과 옥외에 보존이 어렵다는 결론으로 국립문화재연구소에서 직영으로 보존처리를 한 후 국립중앙박물관 건물 안에 이전, 전시하게 되었다. 또 탑골공원 안에 있는 원각사지다층석탑은 유리집을 지어 풍화와 산성비로부터 보호하고 있으나 언제까지 이대로 존치할 것인지에 대한 결론을 내리지 못하고 있는 실태이다. 석조문화재는 창건 이후 수 백, 수 천 년을 지나오면서 풍화로 인한 훼손은 지속되는데 그 방지대책은 세계적으로도 매우 어려운 문제이다.

3) 부여 정림사지 오층석탑

　이 탑은 기단부에 지대석을 놓고 그 위에 일층기단을 조성하였다. 기단은 좌우와 중앙에 세 개의 탱주를 세우고 탱주 위에 갑석을 놓았다. 기단갑석이 일층탑신을 받치고 있다. 일층탑신은 양측에 위층보다 키가 높은 우주를 세우고 중앙에 한 판으로 면석을 설치하였다. 우주는 배흘림으로 되어 있다. 일층 기단 우주 위에 평방과 같이 넓적한 부재를 올리고 일층 옥개석을 받치고 있다. 옥개석은 전층이 모두 2단으로 되어 있으며 상부 옥개석은 둥글게 모를 접어 공포를 연상케 하며 하단은 사절한 형태로 일단을 받치고 있는 형상이다. 옥개석은 미륵사지석탑과 같이 얇고 넓으며 양끝에서 약간의 반전을 이루고, 네 귀마루는 건물의 내림마루와 같이 볼록 튀어나오게 한 우동(偶棟)의 형태로 되어 있다. 상륜부는 노반석만 남아 있고 그 위 부분은 결실되었다. 이 탑은 오랜 세월에 석재표면에 풍화가 심하고 부재가 이완되었으며 이완된 틈사이로 물이 새는 등 많은 문제점을 안고 있다. 1970년대부터 해체보수의 논란이 있었으나 30년이 지난 지금도 도괴되거나 크게 변형됨이 없이 그대로 서 있다. 이 탑은 외형상으로 보아 크게 풍화되어 위험한 상태인 것으로 보이나 내실은 견디고 있는 상태이다. 풍화로 인해 박리현상이 일어나고 있는 것은 사실이지만 그렇다고 쉽게 해체보수를 결정할 수 있는 것은 아니다. 계속해서 풍화가 더 이상 진행되지 않도록 하는 처방으로는 보존처리를 한다든지 덧집을 지어 비를 막는 방법을 구상하였으나 아직 미정이다. 더 이상 훼손되지 않도록 하는 최선의 방법을 택하여 조치가 불가피한 상태에 있다.

〔도93〕 부여 정림사지 오층석탑(백제시대)

〔도94〕 경주 불국사 다보탑(통일신라시대)

라. 석탑의 보존

탑은 건립 이후 자연적인 훼손(풍화)에 의한 것도 있으며 특히 도굴꾼에 의한 훼손이 가장 많은 현상이다. 훼손된 상태는 풍화 마모로 인하여 돌의 표면에 박리현상이 나 있거나 옥개석과 탑신석의 틈이 벌어지기도 하고 도굴에 의해 석탑부재가 이완 탈락된 것 등이다. 이런 상태는 도괴위험이 있는 것처럼 보이나 대부분은 지탱되고 있다. 외형상으로는 위험한 상태로 보이나 실제로는 안정된 상태에 있는 것이다. 탑은 인위적인 힘을 가하지 않으면 외형이 좀 험상궂게 보일 뿐 도괴되는 일은 거의 없는 것이다. 보수한다고 손을 댈 때 오히려 더 나쁜 결과를 초래할 수도 있다. 석재부재는 풍화되어 있어 보수시 힘을 가함으로써 박리, 균열현상이 더하게 된다. 석재는 오랜 세월에 이끼가 끼면 재질을 약화시키게 된다. 이런 일련의 문제로 인하여 보수가 따르게 되는데 석탑보수는 기울기·균열·풍화·이끼류 등에 대하여 세심한 관찰을 하고 필요시 지내력검사, 기울기 측정, 풍화도 측정 등

〔도95〕 경천사지 10층석탑(고려시대, 2006 국립중앙박물관 소장)

을 시행하게 된다. 대부분의 탑은 약간의 기울음 현상이 있고, 박리, 균열현상도 있다. 이런 상황을 보고 해체 또는 부분보수를 해야 한다는 판단을 성급하게 해서는 아니된다. 이미 그와 같은 상태로 수 십 년, 수 백 년 동안 지탱되어 왔기 때문이다.

석조문화재보존에 있어 가장 주의해야 할 점은 오랜 세월에 일어난 풍화상태다. 돌의 표면에 박리현상이 일어난다. 박리현상은 석질이 약화되어 돌 표면이 부스러지거나 박리현상이 일어나게 된다. 박리현상은 돌을 가공할 때 정이나 날망치 등으로 두드리는 힘을 받아 층을 형성했던 표면이 세월이 흐름에 따라 들뜨게 되는 현상이다. 한번 들뜬 돌은 다시 접착되지 않고, 근래 보존공학의 도입으로 수지처리를 하여 접착하는 공법이 있기는 하나 접착한 부분이 다시 들뜨게 된다. 들떠 있는 표면은 떨어져 나가게 되는데 이를 막기 위해 수지로 접착을 한다. 수지는 접착제로 풀을 붙이는 것과 같은 방법인데 태양열과 온도의 변화에 따라 색상이 퇴색되고 결국에는 탈락되게 된다. 따라서 일설에는 자연상태대로 보존하는 것이 가장 좋

은 방법이라고도 하나 이 또한 안전한 것은 아니다. 그동안 이런 상태에서 석조물에 보호각을 세우거나 실내에 이동하여 보관하는 사례도 있다. 이런 보존 방법은 문화재는 건립 당시의 원위치에서 보존하는 기본 원칙에 반하는 결과이다.

〔도96〕 중원 미륵사지 오층탑과 불상, 석등 등(고려시대)

○ 석탑은 자연 훼손보다는 도굴 및 화재로 인하여 파손되거나 기울고 특히 지대석 부분이 이완된 경우가 많다.

○ 오랜 세월이 지나는 동안 자연적으로 표면이 풍화 마모된 상태가 나타나기 시작하였다. 석재의 풍화상태는 표면의 박리현상이나 균열로 나타난다. 또한 옥개석의 경우 개석과 개석 사이에 틈이 벌어져 위험한 상태라고 오판될 수 있는 현상도 나타난다. 틈이 일부 벌어진 상태라고 해서 탑이 갑자기 붕괴되는 일은 거의 없었다.

○ 석조물의 풍화에 대한 보존처리이론은 전문가의 주장에 의하면 자연상태대로 두는 것이 가장 좋은 방법이라고 한다. 어떤 처리를 했을 때 당장에는 좋은 상태로 보이지만 시간의 흐름에 따라 변질의 속도는 가속화되고 고색창연한 질감이 없어진다는 것이다. 실제 보존처리를 해놓은 상태를 보면 자연스럽지 못하다. 보호각을 지어 보호할 경우 주변 환경을 고려해야 한다.

○ 석탑을 해체 복원할 경우 면석에만 짐을 싣게 하는 것은 좋지 않다. 면석이 옥개석 등 상부 하중을 지탱하지 못하고 파손된다. 옥개석 밑에 적심석을 충분히 넣어 상부하중을 적심석이 감당하게 하고 면석은 일부 분담하게 한다.

○ 최근 석탑, 전축고분, 마애불, 성벽 등에 대한 안전진단을 하면서 현대과학기구를 사용하여 진동이나 침하에 대한 측정을 하는데 기계에만 의존하는 것은 오판을 일으킬 수 있다. 경력이 많은 고건축전문가, 석탑전문가의 판단하에 현대과학기구에 의한 조사가 되어야 할 것이다. 이음이 부실한 경우에는 철띠로 단단하게 보강한다.

7. 다리(석교)

다리는 강물 위나 언덕 사이를 건너다니기 위해 만든 구조물로 옛 다리는 재료에 따라 목교와 석교로, 형태에 따라서는 평교와 홍예교 등으로 구분된다. 다리 위에 건물을 지었을 때는 누교(순천 송광사 청량각 누교)라 하며, 계단을 오르내릴 때 계단참을 두고 그 밑을 공간으로 하여 홍예를 튼 것을 다리라고 했는데 불국사 청운교와 백운교를 예로 들 수 있다. 이 밖에 징검다리·보다리·배다리(舟橋) 등도 물을 건너는 데 사용되었던 일종의 다리이다. 다리를 보수하는 데 석교를 예로 들어 설명하고자 한다.

○ 평석교 : 기둥을 세우고 기둥 위에 멍에돌을 놓고, 멍에돌 위에 갓돌(귀틀석)을 기둥과 기둥 위에 건너지르고, 귀틀과 귀틀 사이에 청판석을 깔아 마치 목조건물의 마루와 같은 구조이다. 궁궐이나 청계천과 같이 개울의 폭이 넓은 곳에 놓은 다리는 통행인의 안전을 위해 다리 양쪽 귀틀석 위에 난간을 설치한다. 개울 쪽의 축대는 견고하게 교대를 쌓아 다리가 횡방향으로 밀려나는 것을 방지토록 한다.

○ 홍예교 : 홍예를 한 개 또는 두 개 이상으로 만드는 것인데 홍예(아취)는 반원형으로 틀어 평석교에서 보이는 멍에돌이 없이 홍예가 상부하중을 받게 된 것이다. 홍예 밑바닥에는 지대석을 설치하고 개울의 좌우에는 교대를 튼튼한 축

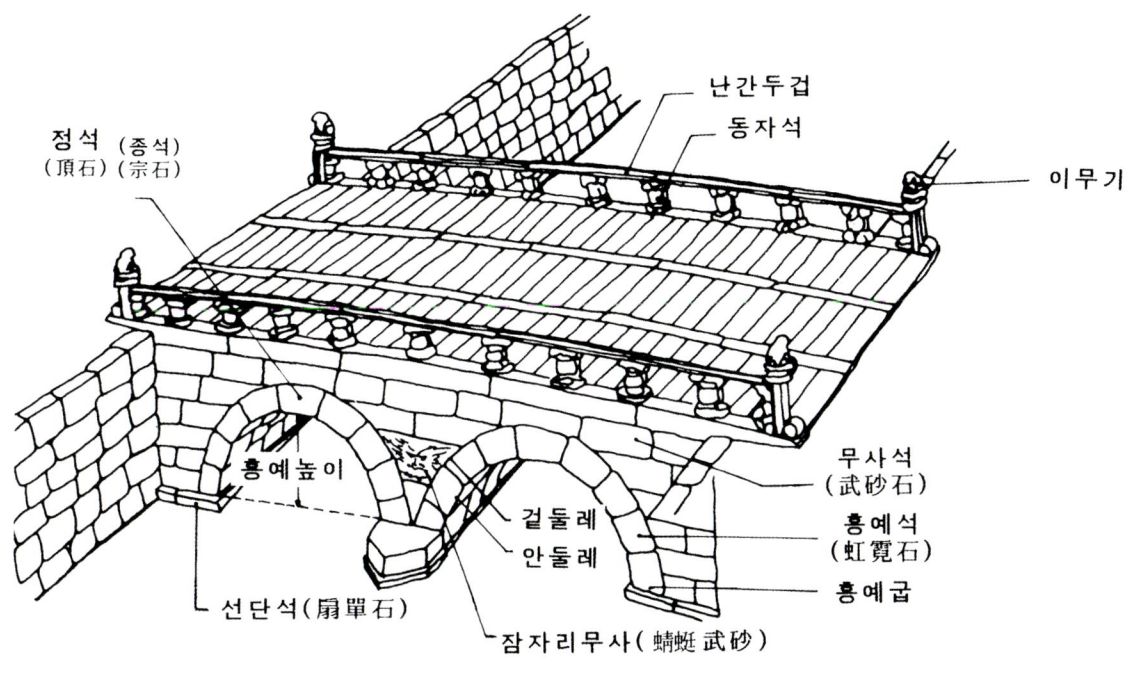

〔도97〕 홍예교 형식

대로 쌓아 홍예 중앙이 밀려나지 않게 한다. 홍예는 지대석 위에 홍예돌 첫단(홍예굽)을 놓고 몇 단을 쌓아올리고 홍예 중심에는 머리돌(頂石＝宗石)이 물려지게 쌓는다. 홍예 구조의 특징은 보나 기둥을 세우지 않고 홍예자체가 기둥과 보의 역할을 하게 하는 것이다. 상부의 무사석과 상판의 하중이 압축하고 측면의 교대에서 받치는 힘으로 지탱되는 것이다. 특히 이들 무사석과 교대는 밀려나거나 이완되지 않도록 하는 것이 가장 중요한 구조방법이다. 석교는 오랜 세월에 풍화되거나 다리 하부의 기초부분이 물에 씻겨 나가 기초를 약화시키게 된다. 또한 상판에 물이 들어가 얼어 부풀게 되면 돌을 바깥쪽으로 밀어내어 붕괴의 원인이 된다. 석재의 풍화는 돌의 표면에 박리현상을 일으키거나 절단되게 된다. 석재는 일단 풍화가 시작되면 더 이상 진전되지 않도록 막을 수 있는 방법은 아직까지 개발되지 않고 있다. 수지처리를 해도 일시적인 방법에 불과하다. 외형상 불안한 상태로 보일 때 해체보수를 하게 되는데 보다 더 정밀한 검측을 통하여 진행상태를 분석하여 보수방침을 정해야 한다. 근래는 차량의 진동으로 인하여 석교의 보존에 영향을 미치는 경우도 있다. 진동의 영향이 미치지 않도록 철저하게 보호해야 한다. 석재의 표면에 균열이 난 것은 철재 앵카를 넣어 보강하는 방법이 있다. 약간의 풍화나 기울음은 오랜 세월에 일어난 현상으로 현 상태에서 붕괴이상이 없으면 안정된 상태로 지속이 가능한 것이다. 석교보수 시 콘크리트를 채워 넣거나 줄눈을 해서는 아니 된다. 시멘트의 알칼리 성분이 백화현상을 일으키고 이 현상은 돌의 표면을 변질시키게 된다.

가. 해체

표면의 균열은 석재의 뒤뿌리가 매우 길어 외관상 육안으로 보는 것과는 다른 것이다. 석교는 가급적 해체하지 않도록 해야 한다. 해체하거나 보수 시에는 받침을 견고하게 설치하여 작업시 충격이 가지 않도록 하고, 물려 나는 현상을 최대한으로 방지해야 한다.

설계 및 보수에 착수하기 전에 정밀안전진단을 시행하여 그 결과를 분석하여 보수 방침을 정한다. B.M을 안전한 곳에 설치하여 변위를 지속적으로 측정한다. 외형만을 보고 해체를 결정하는 것은 해체과정에서 해체를 하지 않아도 될 수 있는 것을 해체한 결과 과오를 범할 수 있다. 해체 전의 조사에서 육안조사 또는 기계장비를 사용하여 정밀한 데이터를 갖춘 후에도 실제 재하 실험을 하는 것은 가장 정확한 조사방법이 된다. 석재의 부분 위치를 석재 면에 표시하고 도면에 기록한다. 받침틀 가설을 철저하게 하여 조사 및 해체작업에 지장이 없도록 한다. 해체부재는 정밀조사를 하여 현상을 분석하고 보관한다. 석재는 탑이나 성벽 등의 부재와 같이 오랜 세월에 풍화가 발생되어 보수 시에 재사용 가부를 정하는 데 매우 어려움이 있다. 기존의 부재를 재사용하는 데 목표를 정하고 해체작업에 임해야 할 것이다. 표면에 박리현상이 난 부재는 해체한 후

보존처리를 하여 보관한다. 오랜 유수로 수면 하부의 기초부분이 약화된 것으로 판단될 때에는 정밀하게 조사하여 보강대책을 강구한다. 양쪽의 교대가 부실한 상태로 판단되면 측압으로 밀려나지 않도록 보강을 철저히 하여 해체한다. 균열이 난 부재는 불용재로 처리하지 말고 두 부재를 견고하게 부착하여 재사용 할 수 있는 공법(철심보강)으로 보수해 두었다가 복구 시 사용한다.

나. 보충재의 가공

기존의 석재는 최대한 재사용하고 없어진 부재의 보충용 석재는 기존의 석재와 재질, 가공정도 등이 유사하게 한다. 보충 신재의 면은 색상이 기존과 대비되지 않도록 자연상태에서 풍화된 것을 선별하여 사용한다. 보충 신재의 가공은 모가 바르지 않고 사다리꼴 형으로 한다. 기계톱으로 켜서 모가 바른 것은 쌓은 후에 미량의 수분이나 진동에 밀려난다. 뒤뿌리를 사다리꼴로 만들고 가공정도는 거칠게 하여 인접 부재와 꽉 물릴 수 있도록 한다.

다. 조립

해체부재를 재조립할 때는 해체시에 표시한 위치에 돌 하나하나를 같은 위치에 원상복구한다. 해체시에 설치한 기준틀과 가설재를 다시 확인하여 복구 작업을 한다. 다리의 곡선이 변형된 경우에는 원래의 선형을 찾아 복원도를 작성하여 복구한다. 뒤뿌리가 재차 밀려나지 않도록 적심이 서로 물리도록 시공한다. 뒤뿌리가 짧아 밀려날 우려가 있는 경우에는 뒤뿌리 위를 눌러 댈 수 있는 적심을 설치한다. 부재는 동시에 여러 단

〔도98〕 균열부분(A)에 수지 보강처리(2005)

을 쌓아올리지 말고 매 켜마다 쌓은 후에 상당한 기간 안정된 상태를 확인한 다음에 상단 쌓기를 한다. 판석교가 아닌 적심 석쌓기 다리는 부재쌓기를 완료한 후 빗물이 스며들지 않도록 강회다짐을 하여 방수를 한다. 적심보강을 이유로 콘크리트 뒤채움은 하지 않아야 한다. 콘크리트를 채워 고착시키는 것은 물이 빠져나가는 것을 막고 백화현상이 발생된다.

8. 담장

담장은 쌓기재료에 따라 토담 · 돌담 · 토석담 · 와편담 · 전돌담 · 사괴석담 · 판축담판장 등으로 구분된다. 이 가운데 사괴석담과 전돌담은 궁궐과 왕릉의 곡장 등에 제한적으로 사용된 것으로 사원이나 민가에서는 사용하지 않았었다.

가. 담장의 종류

1) 자연석(돌각담) 담장

○ 자연석은 개울에서 채집한 것과 산에서 오랜 세월에 풍화된 것으로 구분된다. 개울가의 집 담은 강돌을 사용한 경우가 있으나 그 외는 대부분 산돌을 사용하였다.

○ 자연석은 가공하지 않고 채집한 상태의 돌을 그대로 사용하였다.

2) 사괴석담

○ 궁궐이나 왕릉에서 제한적으로 사용하였다. 면은 가공하지 않고 돌을 켜낸 상태에서 면이 바른 것을 그대로 사용하였다.

○ 하부에서 상부로 올라가면서 점진적으로 돌의 규격을 작게 하여 체감을 두었다. 이 체감한 상태가 담의 경사도를 이룬다.

○ 궁궐내부의 담은 외부보다 낮게 하고 상부에 전돌을 쌓아 마감한 것도 있다.

○ 상단에는 기와를 이어 마감하였다.

3) 토담

○ 토담은 흙으로만 쌓거나 잔돌이나 와편을 섞어 쌓는다. 흙만으로 쌓을 때는 판 축담 또는 흙벽돌을 만들어 쌓는다.

○ 판축담은 송판으로 거푸집을 짜고 찰기가 있는 흙을 거푸집 안에 넣고 방아찧듯이 막대기로 다진다. 이 때 발생된 수분이 흙과 응고되어 강도를 유지하는 것이다. 거푸집은 합판을 사용하지 말고 옛날 송판을 사용해야 한다.

○ 판축은 판축이 가능한 지역 안동 하회마을, 평택 둔포지역, 수원 행궁 등지에서 제한적으로 사용하였다.

4) 토석담

○ 토석담은 토담에 돌을 섞어 쌓은 것이다. 하부에 돌을 쌓은 위에 흙담을 쌓거나 돌 한 켜 쌓고, 흙 한 켜 놓은 것을 반복하여 쌓는다.

○ 민가담으로 일반적인 형식이다.

〔도99〕 궁궐 사괴석담(경복궁)

〔도100〕 민가 토석담(예산 추사고택)

5) 와편담

○ 진흙과 기와편을 이용하여 토석담과 유사하게 쌓되 좀 더 고급으로 할 경우에는 꽃무늬, 문자무늬 등을 넣는다.

○ 담 위에는 기와를 이어 마감한다.

6) 꽃담(화초담)

○ 화초담은 사괴석담 위에 꽃무늬, 문자무늬, 완자무늬, 귀갑무늬, 격자무늬 등을 넣거나, 담 전체에 무늬를 넣어 장식적으로 쌓는 것이다. 이들 무늬는 전돌이나 와편으로 조립하여 만든다.

○ 꽃담은 주로 궁궐에 사용하였으며 사대부가나 서원 등에서 교화적으로 한 곳이 있다. 꽃담 가운데 가장 훌륭한 것은 경복궁 자경전 후측담에 새긴 십장생 담이며 창

〔도101〕 경복궁 아미산 굴뚝 보수 (꽃담 형태의 굴뚝, 풍화된 벽돌만 보수, 2004)

덕궁대조전 후원 담과 낙선재 후원 담은 전서체의 문자를 담에 새겼으며 담양 소쇄원 담과 논산 돈암서원사당 담에는 교화문자를 넣어 담을 쌓았다.

7) 취병(翠屛)

○ 취병은 꽃나무의 가지를 이리저리 엮어서 병풍모양으로 만든 것을 말하는데 창덕궁 주합루에 오르는 어수문(魚水門)

의 좌우에 취병을 설치하여 울타리를 만들었던 그림을 동궐도에서 볼 수 있다. 이 일대는 부용지를 중심으로 북쪽에 주합루, 동쪽에 영화당, 남쪽에 부용정, 서북쪽에 서향각 등이 자연과 어울려 경승을 이루고 있다. 이런 곳에 돌담과 같은 육중한 울타리를 세우지 않고 꽃나무 가지로 엮은 울타리를 만든 것은 자연과 인공의 극치를 이루게 했던 것으로 생각된다.

8) 전돌담

전돌담은 궁궐이나 성벽의 여장과 옹성에 사용되었다. 궁궐에서는 내담에 담을 낮게 쌓을 때 사용되었고 성벽에서 전돌담을 쌓은 예로는 광주시 남한산성의 여장, 수원성 장안문의 옹성 등이 있다. 전돌은 삼국시대에도 왕릉의 축조시에 사용되었으며 그 유례로는 공주 송산리고분(6호, 무령왕릉) 등이 있다.

나. 보수

담장은 오랜 세월에 훼손된 것을 보수하면서 여러 가지 형태로 쌓여진 것이 있다. 이 가운데 어느 형태를 선택하여 일률적으로 다시 축조하는 것은 재고되어야 한다. 문화재 보존의 기본원칙은 원형을 유지하는 것으로 새롭게 개수 신설하는 것은 옳지 않은 방법이다. 수리구간 내에 각기 다른 형태의 담이 있는 경우에는 고증 결과에 따르며 임의로 변형되어 역사적 가치가 없는 부분(견치석)은 원상대로 보수해야 한다.

담장의 보수는 형태, 재료, 기울기, 균열상태, 풍화상태 등을 조사하여 보수방법을 검토하여 고증에 맞도록 해야 한다. 담 밑에 배수로를 두어 습기가 침투되지 않도록 하였다. 뒤뿌리는 긴 것과 짧은 것을 교차되게 하여 붕괴를 방지하였다. 바닥에는 지대석을 설치하여 기초를 보강하고 지반과 담의 경계를 지웠다. 하부에는 큰 돌을 사용하고 위로 올라가면서 점차 작은 돌을 사용하여 체감을 두었다. 담의 상부는 빗물이 들어가지 않도록 기와 또는 이엉을 얹거나 돌을 밀실하게 하였다.

9. 고분 왕릉 보존

경주 천마총은 1970년대에 발굴조사를 하여 현실을 발굴 조사한 유구대로 복구하여 공개 관람케 하고 있다. 공주 무령왕릉은 1971년 발견한 이후 공개관람을 위해 현실 안에 조명, 제습시설을 하였으나 현실 내에 남조류가 발생되고 전벽돌로 쌓은 벽체에 균열이 발생되어 해체 복원해야 한다는 안전진단보고서가 제출되었다. 기계로 측정한 계측은 수리적으로는 타당성이 있을 것이나 육안으로 보는 현상은 기계탐지에만 의존할 수 없다는 논리에 따라 해체보수를 하지 않고 공개관람을 중지하고 폐쇄조치하기로 하는 대신 변화과정을 계속 탐지하기로 하였다. 그리고 관람을 위해 기존의 소형전시관을 크게 확대하여 다시 지었다. 현재 무령왕릉은 남조류의 발생 등 다른 변화는 없는 상태로 유지되고 있다. 무령왕릉 6호분과 부여 능산리고분은 벽화가 있는 고분이다. 일제강점기 이후 공개관람 및 보존처리의 미흡으로 벽화가 거의 퇴색된 상태이며 지금은 공개를 중지하고 있다. 영주 순흥벽화고분은 원 고분은 폐쇄하고 모조고분을 만들어 관람케 하고 있다. 일본 나라현에 있는 고송총(高松塚)은 벽화고분으로 1972년도에 발굴조사되었다. 이곳은 아직도 공개관람을 하지 않고 밀폐된 상태에서 보존방법을 연구 검토하고 있다.

10. 유적지 정비

유적지정비는 궁궐지·사지·주거지·성지·분묘·지석묘·요지 등의 유구를 보호하기 위하여 보수 및 정비를 하는 것이다. 유구는 인류가 활동한 흔적이 있는 곳을 뜻하고, 유물은 유구에서 발견되어 이동이 가능한 물건을 뜻한다. 유적은 유구와 유물이 함께 존재하는 넓은 의미의 유구를 뜻한다. 유적지의 정비를 위해서는 우선 학술적인 조사를 거쳐 보존 정비의 범위를 설정한다. 보존 정비의 범위는 유적 그 자체에 한정하지 않

〔도102〕 공주 무령왕릉 현실내부(백제시대)

고 인근 주변의 역사적인 환경과 경관적인 면까지를 포함하고, 현대적인 건축 도시계획, 토목, 조경 등의 관점에서 폭넓게 계획되어야 한다. 고고학적인 면에서의 보존 정비는 문화재관리측면에서 전문적으로 검토 시행되고 있으나 주변환경과 경관은 현대건축 및 도시계획의 개념으로 전개되어 현실적으로 많은 어려움이 있다. 근래는 대단위 건설공사(공동주택, 택지개발, 도로개설, 공장신축 등) 시에 유구조사를 선행케 하고 그 결과에 따라 사업을 시행하는 제도(문화재보호법 74조의 2 및 동시행령 43조의 3)가 있어 유적지보존에 많은 효과를 거두고 있다. 그동안 문화유적지는 급격한 개발로 인하여 유적 자체의 훼손은 물론 주변환경에도 치명적인 영향이 미쳤으나 유적지내부의 보존에는 성과를 거두기도 했다. 유적지의 보존은 유구 자체만을 보수정비하여 현상유지를 한 것과 유적지 안에 옛 건물을 복원(재현)하는 사업도 있었다.

1970년대에 경주 불국사의 보수 복원은 임진왜란 때 훼철된 건물과 유구를 발굴조사를 거쳐 무설전, 관음전, 비로전, 회랑 등을 복원하여 지금은 세계문화유산으로 되었고, 서울 몽촌토성은 1988년 서울 올림픽을 계기로 잠실에 올림픽경기장을 건설하면서 발굴조사를 하여 성 내외는 물론 해자까지도 정비하였다. 인근에 있는 풍납토성은 근래 성안에 급격하게 건

〔도103〕 유적지 정비 전(강화선원사지)

〔도104〕 유적지 정비 후(강화선원사지)

축이 행해지면서 성안을 전반적으로 보존하지 못하고 토성의 성벽만을 보존해오다가 최근에 성안의 유구를 발굴조사하고 있으며 사유지를 매입하고 있으나 이미 그 훼손이 너무 심한 상태이다. 경주의 황룡사지를 비롯하여 안압지, 천마총 등은 1970년대부터 일찍이 보존정비계획을 수립하여 발굴조사를 거쳐 보존하였다. 근래에는 전국적으로 지방자치단체에서 시행하는 문화재보존사업이 크게 확대되어 많은 유적지를 조사하고 건물을 복원하는 경향으로 진행되고 있다. 이런 가운데 시행착오도 없지 않았다. 안동 도산서원은 1970년대에 정화사업이라는 명목 아래 건물을 보수하고 조경을 하였으나 토석담을 사괴석담으로, 자연석 축대를 자대석 축대로 개수한 것 등 잘못된 부분이 없지 않다. 서울 경희궁터에 있었던 학교건물을 철거하고 궁전을 복원한 것은 좋았으나 후에 현대식 서울역사박물관을 건립한 것은 유적지 보존 측면에서 잘된 일이라고 할 수 없는 것이다. 유적지를 보존 정비함에 있어 잘된 일과 잘못된 일이 있었다. 이는 문화재보존의 역사가 짧고 성급하게 성취하려는 의욕 때문이었다고 생각된다. 이런 과오를 다시 저지르지 않기 위해서는 과거를 되돌아보는 지혜가 필요할 것이다. 문화유적지의 보존 정비는 앞으로도 수 십 년, 수 백 년 우리의 역사와 함께 영속될 것이다. 문화유산은 어느 시기의 것에 한정되지 않고 시대의 흐름과 함께 다시 생산되는 것이기 때문이다.

　유구정비의 기본방침은 기존의 유구가 더 이상 훼손되지 않도록 보존 관리하는 것이다. 보존정비에 사용하는 재료는 기존의 재료와 다르게 구별되는 것과 기존의 재료와 유사한 것을 사용하여 조화를 기하는 방법이 있을 것이나 우리나라는 조화 쪽에 비중을 두는 경향이다. 유구는 노출시키는 방법과 매몰하여 보존하는 방법 중 선택하여 시행한다. 일본은 유적지를 발굴조사한 후에 유구보존을 위해 상당한 높이로 성토한 위에 새롭게 기존의 유구와 유사하게 조성하나 우리나라는 아직 시공한 예가 없다.　유구의 보수에 있어 붕괴 및 이탈될 우려가 있는 유구는 제자리에 있도록 한다. 기존의 부재(석재 목재)

는 재사용이 가능한 것은 교체하지 않고 최대한 재사용한다.

유구 위에 성토하여 보존 정비를 하는 경우에 기존의 나무와 뿌리는 유구가 손상되지 않도록 보호하여 제거한다. 유구층과 성토층 사이에는 차후 정비를 고려하여 모래 또는 비닐로 층을 구획한다. 성토지반 위에는 유실을 방지할 수 있는 처리를 한다. 현 상태대로 보존이 불가능한 경우에는 경화처리를 해둔다. 기존의 배수로를 보수하여 사용하되 주변 여건의 변화로 배수량이 넘칠 경우에는 경관을 저해하지 않은 곳에 증설할 수 있다. 건물지 정비는 훼손될 우려가 없는 경우 노출정비하고, 훼손될 우려가 있는 경우에는 성토하여 보호 조치한다. 건물지의 초석, 기단석 기타의 유구가 균열, 파손, 풍화가 심한 경우에는 보존처리를 하여 원위치에 보존한다. 건물구조부분의 일부가 멸실된 경우에는 신재를 보충할 수 있다.

유적지 보존 관리상 지장이 있는 수목은 이식 또는 제거한다. 유적지의 조경은 기존의 유구에서 나타난 것에 따르고 현대적인 개념의 조경은 하지 않도록 한다. 관람객을 위한 통행로는 유구가 훼손되지 않도록 설치하고 보호책, 안내판, 표지 등은 경관을 저해하지 않도록 크기 형태 등을 조화되게 고안하여 설치한다. 통행로는 유적지를 직접 밟고 다니지 않고 가공(架空)으로 하여 유적을 보존하는 방안을 강구하여 설치한다.

유적지 안에 건물을 복원하는 것은 매우 신중한 검토를 거쳐야 한다. 복원을 해야 하는 당위성이 있어야 한다. 사

〔도105〕 경복궁 정비(1995 조선총독부청사 철거)

〔도106〕 경복궁 흥례문 복원(2001)

〔도107〕 경주 안압지 복원 정비(1980)

〔도108〕 불국사 복원 정비 후(1970년대)

〔도109〕 불국사 복원 정비 전(일제강점기)

〔도110〕 건물지 정비(일본, 나라 도성궁)-건물지 발굴 조사 후 1m정도 성토한 위에 기단부분 조성

〔도111〕 건물지 정비(일본 사가현, 요시노게리 유적)-건물지 발굴 조사 후 건물을 복원하고 실제 사람이 당시의 생활을 재현 (선사시대)

찰의 경우에는 현재도 사찰로 경영되어 사찰 기능상 필요한 경우에 복원하고 있다. 궁궐은 왕조시대가 아닌데 건물을 복원할 필요성이 있는가라는 의문이 생길 것이다. 문화재는 원형대로의 보존이 기본원리임에도 복원되지 않는 경우가 있다. 최근에 시행한 바로는 경복궁, 창덕궁, 경희궁, 안압지, 불국사, 부여 정림사지강당(좌불 보호각) 등이 있다. 이들 건물은 훼철된 것이 오래지 않거나 발굴조사 결과 고증이 가능하였으며 궁궐이나 사원의 추이를 이해함에 필요성, 기존 건축군과의 조화성 등을 고려하여 복원 정비한 것이다. 복원설계는 발굴조사를 거쳐 밝혀진 원래의 유구를 훼손하지 않고 옛 규모와 양식은 고증에 따라야 한다. 유적지 안에 건물을 복원하는 것에 대하여 찬성과 반대이론이 있다. 유적 중에 세계인류에게 자랑할 만한 곳은 선별적으로 복원하여 관광의 효과를 기대할 필요가 있는 것으로 생각한다.

11. 장인(匠人)의 위상과 보호 육성

장인은 고대로부터 많은 건축을 하였으나 그 명성은 크게 빛나지 않고 기록이 많지 않은 것은 당시에 관리와 선비들의 지휘를 받으면서 작업에만 전념하였으며 공상(工狀)이나 명성(名聲)에는 무관심 내지는 사농공상의 사회적 배경에서 연유되었던 것으로 보인다. 장인들이 이룩한 건축공예 조각물은 오늘날 전통문화유산으로 보전되고 있으며, 근래에는 일부 장인 가운데 맥을 유지하고 기예를 겸비한 자는 중요무형문화재 즉 인간문화재로 지정 보호되고 있음은 다행한 일이다. 그러나 현재의 실상을 보면 대부분

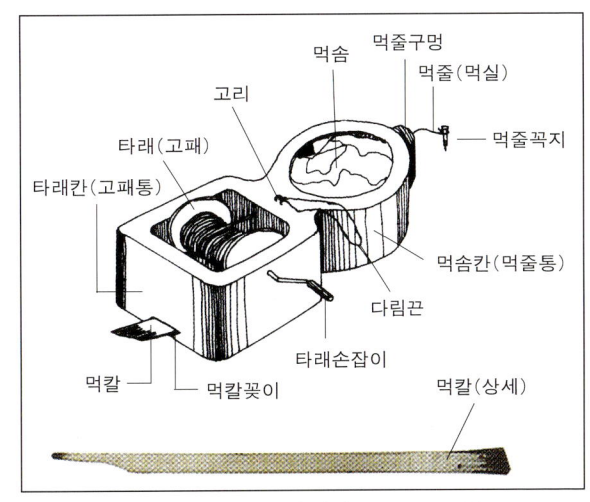

〔도110〕 먹통과 먹칼(건축장인의 땀과 꿈, 1999, 국립민속박물관)

의 장인들은 많은 건축조영을 하면서도 장인으로서 마땅히 받아야 할 대우를 받지 못하고 한낱 공사장의 작업인으로 취급받는 경향이다. 건축을 조영함에 목장, 석장, 와장, 이장, 단청장 등은 각기 분야별로 전문성과 특성을 갖고 있는 것이다.

유구의 보수와 복구는 창건 또는 재건 당시의 기법인 전통기법을 기본전제로 한다. 전통기법은 이론적인 연구가 필요함과 아울러 이보다 중요한 것은 실제 기법을 과거로부터 맥을 이은 전수자의 기능인 것이다. 지금 문화재보수에 참여한 장인들은 대부분 선대 또는 선배로부터 그 기능을 이어받고 있다. 이들 장인은 전통건축만을 직업으로 삼고 일을 한다. 일반 현대 건축석공사와는 다른 것이다. 전자는 과거의 전통기법과 고증에 따라 보수 복구하는 것이고 후자는 신축설계도서에 따라 신축하는 것이다. 유구는 창건 또는 재건당시의 상태대로 보존되는 것이 가장 좋은 것이나 중년에 재축 또는 개조되어 본래의 구조양식에서 벗어난 것이 있다. 문화재수리는 고증을 거쳐 원형을 찾아 전통장인이 직접 작업을 하게 된다. 장인이 기본적인 기법을 알지 못하고 일반 건설공과 같이 문화재를 다루어 잘못된 경우에는 문화재에 중대한 치명상을 입히게 된다. 문화재는 오랜 세월에 풍화로 약화되어 있다. 무리한 힘을 가하여 파손하거나 외형적인 양식을 벗어나게 하는 것, 내부의 구조를 이해하지 못하고 축조했을 때의 변형은 문화재를 훼손하는 결과를 초래하게 된다. 장인은 이와 같은 기법을 전수하고 수 십 년 축적된 전통기능을 소유한 자이다. 장인은 건축물의 재질, 강도, 풍화도 등에 경험을 통하여 익숙하다. 이와 같은 전문성을 지니고 있는 장인들은 근래 사회여건의 변화로 변질되어 가고 있다. 석재를 다듬고 목재를 치목하는 일에 전통공법에서 일탈되어 가는 현상이다. 인력으로 해야 할 일을 기계로 한다든지, 전통도구를 사용하지 않고 기중기와 같은 중

장비로 시공하는 사례가 많다. 기계장비의 편리성을 이용하는 것은 현대사회의 추세라고 할 수 있을 것이나, 이러한 변화가 용납되게 되면 전통공법은 사라지게 되지 않을까, 우려된다. 전통장인들도 이런 실태를 우려하면서도 전통기법만을 고수하는 것은 건축기간의 단축, 공사비의 과다, 육체적 한계 등에 부딪혀 어렵다고 한다. 그렇다고 전통기법에 의한 문화재 보수 및 복구를 포기할 수는 없는 것이다. 전통기법의 보전을 위해서는 적절한 대책을 필요로 한다. 이에 대한 대책으로는 장인들에게 노력에 상응한 대우와 문화재인으로서의 긍지를 고취하는 것이다. 장인들은 나이가 들면 한계에 부딪히게 된다. 이런 점을 고려하여 사회적 보상이 요구된다. 장인의 미래가 보장될 수 없기 때문이다. 장인의 계보는 있으나 아직 체계적으로 정리되지 못한 상태이다. 장인의 계보를 파악하고 정리하여 그 맥을 전수할 수 있게 해야 할 것이다. 전수의 좋은 방법으로는 중요무형문화재의 지정 보호이다. 대목장이나 단청장 등을 지정하는 것과 같이 각 분야의 전통장인에 대한 지정과 보호육성을 필요로 한다.

제 **6** 장

맺음말 · 부록

맺음말

전통건축의 수리와 정비에 대하여 제한된 지면을 통해 정리해 보았다. 머리말에서 밝힌 바와 같이 필자가 기능자가 아닌 관계로 현장에서 시공하는 기법을 상세하게 기술하지 못한 아쉬움이 있으나 앞으로 더욱 발전된 기법의 정리가 이루어질 것으로 기대한다.

전통건축기법을 보전하려는 것은 문화재의 원형보존에 그 목적이 있는 것이다. 현실적으로 전통기법은 현대화에 밀려 상실되어 가고 있는 실정이다. 이 시점에서 전통기법을 기록 정리하고 계속해서 그 맥을 이어나가는 데 소홀히 해서는 아주 잃어버릴 수도 있을 것이라는 위험도 없지 않다. 어려운 여건 하에서도 전통기능보유자 스스로 전통기법을 전수하려 하고 문화재관련 기관과 전문가들은 전통기법의 전승에 지대한 노력을 경주하고 있음은 다행한 일이다. 전통기법이란 시대와 지역에 따라 다르게 나타난다. 일률적으로 제도화하는 것은 문화재보존원칙에 맞지 않을 수도 있다. 중국은 송·명대에 영조법식이란 건축제도를 만들어 이를 적용함으로써 전국적으로 특성을 잃은 통일된 건축양상이 나타났다.

필자가 주장하는 것은 전국적으로 전통건축기법을 통일하자는 것은 결코 아니다. 일제강점기를 거치면서 일본화된 것, 현대기계장비의 출현으로 전통에서 벗어난 것, 전통기법이 무시된 건축 등에 대하여 전통을 찾아 나가자는 것이다. 전통이란 역사적 생명력을 가진 것으로서 현대생활에서도 의미와 효용이 있는 문화유산을 말한다. 현대사회에서 전통만을 고수하는 것은 비현실적이며 사회여건의 변화에 따라 건축도 달라져야 할 것이라는 이론도 있을 수 있을 것이다. 전통은 과거를 기반으로 오늘에 이어지고 또다시 내일로 전달되는 것이다. 과거의 고수가 아니라 내일을 바라보며 발전을 의미하는 것이다. 과거의 건축은 오늘의 생활에 불편하고 조화되지 않는다는 생각은 옳지 않다. 오늘의 건축과 기계문명이 과연 우리의 삶을 행복하게 하고 있는 지를 생각해보면 다른 설명을 더 할 필요가 없을 것이다. 루이스 칸의 침묵과 빛(Between the Silence and Light. 존 로벨 지음)에 이런 말이 있다. '인간은 자의식을 갖게 되는 초기 단계부터 세상에 속한 자신의 장소에 대해 불편함을 느껴왔고, 문화 역시 이러한 장소를 안전하게 지키기 위한 일련의 투쟁의 결과'라고 하였다. 자신의 장소에 불편함이란 건축 속에 든 자신에 대한 내면적인 불만일 수도 있고, 건물 속에서 살아가는 데 불편함을 표현할 수 도 있을 것이다. 건축이란 과거에 지었던 것이 오늘에 이어지고, 내일을 향해 발전을 꾀하려는 것이다. 과거의 건축을 문화유산이라 하고, 이것은 다시 문화재라는 명칭으로 지칭되고 있다. 문화재는 감상(鑑賞)의 대상이 되기도 하지만 실제 생활에 이용되기도 한다. 인간은 삶의 편안함과 안전을 위해 앞으로도 계속해서 건축을 경영해 나갈 것이다. 건축형태는 새로운 외형과 기능적인 실내공간구성을 추구해 나갈 것이다. 전통건축기술을 연마하고 보전하는 것은 현실적으로 골통품격인 대우를 받을지 모를 일이나 먼 후세에 우리의 역사와 환경이 함축된 건축을 위해서는 전통기법의 보전을 필요로 할 것이다. 우리의 전통건축을 보전하기 위해서는 눈앞에 보이는 경제적 이윤의 추구에 급급하지 않고, 전통기법을 고수하려는 장인의 맥이 이어져나가야 할 것이다.

부록1 : 문화재수리 표준시방서중 공통사항 (2005. 문화재청 제정)

0110 문화재수리원칙

ㄱ. 문화재수리는 다음 사항을 준수하고 원형유지를 원칙으로 한다.

① 기존의 양식으로 수리한다.

② 기존의 기법으로 수리한다.

③ 기존의 주변 환경도 보존한다.

ㄴ. 재료의 교체 또는 대체, 보강은 다음과 같은 경우에 적용한다.

① 기존의 재료를 그대로 두어 당해 문화재가 붕괴 또는 훼손될 우려가 있는 경우

② 보강하지 않으면 구조적으로 위험을 초래하거나 훼손될 우려가 있는 경우

③ 기존의 재료가 변경된 것이거나 당해 문화재의 양식에 맞지 않는 경우

ㄷ. 수리대상물은 수리 전의 상태와 사용재료에 대해 상세하게 기록하고, 수리절차와 처리방법을 구체적으로 기록한다.

ㄹ. 과거에 행해진 수리 중 역사적 증거물과 흔적은 모두 기록·보존하고, 훼손하거나 변형, 가식함은 물론, 하나라도 제외되지 않도록 한다.

ㅁ. 수리는 최소한으로 한다.

ㅂ. 모든 손질은 원형유지의 원칙을 준수하되, 수리방법에 있어서 원칙적으로 지켜야 할 사항은 다음과 같다.

① 과학적 보존처리는 필요할 때 언제나 처리 전 상태로 환원할 수 있는 방법으로 한다.

② 문화재에 간직된 모든 증거(역사적, 미술사적, 기술사적 등) 자료는 연구에 활용할 수 있도록 한다.

③ 손질이 필요할 때라도 색, 색조, 결, 외관과 짜임새 등이 조화되도록 한다.

④ 문화재는 문화재수리기술자, 기능자에 의하여 수리한다.

0120 공통사항

1. 적용범위

ㄱ. 이 시방은 문화재수리 및 이에 준하는 공사에 적용한다.

ㄴ. 본 시방은 공사시방서 작성준칙으로만 적용하고, 각각의 문화재수리공사는 표준시방서에 준하여 개별 문화재 특성에 맞게 공사시방서를 작성하여 시행한다.

ㄷ. 문화재수리표준시방서 중 당해 공사에 관계없는 사항은 이를 적용하지 아니한다.

ㄹ. 각 공사에 있어서 다른 공사와 관련이 있는 사항에 대하여는 각기 그 해당 공사의 시방에 준한다.

ㅁ. 이 시방에 기재되지 않은 사항에 대하여는 문화재청 관련 제 법규 및 건설교통부 제정 건축공사표준시방서, 토목공사표준시방서, 기타 관계 법령에 준한다.

2. 쓰임말 정리

ㄱ. '발주자' 라 함은 문화재수리 및 이에 준하는 공사를 시공자에게 도급을 주는 자

ㄴ. '시공자' 라 함은 발주자로부터 문화재수리 및 이에 준하는 공사를 도급받은 건설업자 또는 문화재보호법에 의해 수리공사가 허용된 자

ㄷ. '담당원' 이라 함은 발주자에 의해 감독자 및 보조감독자로 임명된 자

ㄹ. '현장대리인' 이라 함은 시공자가 지정한 공사현장에 상주하여 공사를 추진하는 문화재수리기술자 또는 동등 이상의 자격을 갖춘 자

3. 담당원의 책무

ㄱ. 시공자 또는 현장대리인에 대한 지시, 승인 또는 검사결과는 모두 담당원의 권한과 책임으로 간주한다.

ㄴ. 담당원은 시공자 또는 현장대리인에 대한 중요한 지시 및 승인사항을 문서로 한다.

ㄷ. 담당원은 시공자가 관계 법령에 의해 공사를 원만히 수행할 수 있도록 협력한다.

ㄹ. 담당원은 당해 문화재의 수리를 위한 원형확인, 조사, 고증 등이 필요하다고 인정될 때에는 시공자, 현장대리인으로 하여금 현장 및 문헌조사 등을 실시하도록 할 수 있다.

ㅁ. 담당원은 'ㄹ' 항과 관련하여 관계 법령에 따라 공사중지를 요청할 수 있으며, 현장조사 결과에 따라 현장지시, 설계변경 등을 시공자에게 요청할 수 있다. 이때, 시공자는 특별한 사유가 없는 한 담당원의 요청에 따라야 한다.

4. 시공자의 책무

ㄱ. 시공자는 문화재수리의 품질과 원형유지에 책임을 진다.

ㄴ. 시공자는 공사계약서, 설계도, 공사시방서 등에 의하여 성실히 시공하되, 담당원의 검사, 협의, 지시, 승인에 따라 시행한다.

ㄷ. 시공자는 현장대리인, 현장종사자, 실측조사를 위한 조사업무자 등이 수리업무를 원만히 수행할 수 있도록 협조한다.

ㄹ. 시공자는 발주청에 대하여 행하는 보고, 통지, 요청, 이의 제기는 서면으로 하여야 한다. 단, 경미한 사항은 구두로 보고하고 담당원의 지시를 받을 수 있다.

ㅁ. 시공자는 공사 기간 중에 당해 문화재의 훼손, 분실, 변형 등으로 인한 피해나 제3자에게 끼친 손해에 대하여 일체의 책임을 진다.

5. 현장대리인의 책무

ㄱ. 현장대리인은 문화재수리의 품질과 원형유지에 책임을 다한다.

ㄴ. 현장대리인은 설계도서에 의하여 성실히 시공하되, 담당원과 협의 및 지시에 따른다.

ㄷ. 현장대리인은 수리에 관하여 시공자의 책임과 의무를 승계하고, 수리현장에서 발생하는 모든 사항에 대하여 일차적인 책임을 진다.

ㄹ. 현장대리인은 공사현장에 상주하여야 하며, 업무협의 등 불가피한 사정으로 현장을 이탈할 경우에는 담당원의 승인을 받는다.

ㅁ. 현장대리인은 공사현장에 상주시 해당 자격증을 소지하여야 하며, 담당원의 제출 요구에 응하여야 한다.

ㅂ. 현장대리인은 수리현장의 안전을 위하여 사전에 필요한 조치를 취한다.

6. 설계도서의 우선순위

모든 설계도서는 상호 보완되어야 하며, 설계도서 사이에 모순점이 발생하는 경우에는 계약서 상의 '공사계약일반조건'에 따른다.

7. 공법 등의 결정

설계도서상에 기재되지 않은 재료, 공사방법 등에 대하여 시공자는 담당원과 협의하여 결정한다.

8. 사전조사 및 검토

ㄱ. 시공자는 사전에 설계도서와 현장여건 등을 면밀히 조사·검토하여 시공계획에 반영한다. 이 경우 이의가 있을 때는 즉시 담당원에게 보고하고 지시에 따른다.

ㄴ. 기준점은 이동, 변형되지 않는 위치에 설치하여 공사 중 실측조사의 기준이 되게 하며, 훼손이나 파손되지 않도록 보호조치를 한다.

ㄷ. 설계도서와 현장상황을 대조하여 수리의 범위와 수리방법을 정하고, 설계시 보이지 않는 부분을 확인하기 위해 현장조사를 실시한다.

ㄹ. 당해 문화재의 창건·중건·수리·관리 등에 대한 역사, 문헌조사를 한다.

ㅁ. 실측조사와 병행하여 조사대상물에 대한 사진촬영과 기록도면을 작성한다. 사진과 기록도면은 보이는 각도가 같게 하여 쉽게 비교될 수 있도록 한다.

9. 경미한 변경

도급금액의 경미한 증감 및 공사 기간 내에 완료가 가능한 설계변경은 담당원과 협의하되, 증가되는 공사금액은 시공자 부담으로 할 수 있다.

10. 관련법규의 준수

시공자는 공사와 관련된 모든 법령, 조례 및 규칙, 기준 등을 준수하여 공사를 수행한다.

11. 수속

시공자는 시공상 필요한 일체의 수속을 시공자 부담으로 한다.

12. 보고 및 서류양식

ㄱ. 시공자는 설계도서 등에 지정한 사항과 담당원이 지시한 각종 보고 사항에 대해 지정한 기일 내에 지체없이 서류를 구비하여 제출한다.

ㄴ. 시공자는 제출할 서류의 형식과 내용 등이 따로 정해지지 않은 경우에는 담당원의 지시에 따른다.

0130 현장관리

1. 문화재수리기술자·기능자 등의 배치

ㄱ. 시공자는 문화재수리를 담당하는 문화재수리기술자, 기능자를 배치하되, 기술자격을 증명하는 서류를 공사착공 전에 제출하여 담당원의 승인을 받는다.

ㄴ. 담당원은 배치된 현장대리인, 기술자, 기능자가 공사관리, 문화재의 원형보존, 기타 문화재수리에 있어 부적당하다고 인정될 경우에는 시공자에게 교체를 요구할 수 있다.

ㄷ. 현장대리인과 기술자, 기능자는 담당원의 승인없이 현장을 이탈해서는 아니된다.

2. 설계도서 등의 비치

공사현장에는 해당 공사에 관련된 '공사계약일반조건' 상의 계약문서, 관계 법령, 공사예정공정표, 시공계획서, 현황사진첩, 기상표 및 기타 필요한 도서류 등을 지정장소에 부착 또는 비치한다.

3. 용지 및 도로의 사용

시공자는 공사에 필요한 작업장, 용지 사용 등에 대하여는 관련기관 및 소유자와 협의하고 담당원의 승인을 받아야 한다. 이때, 원상복구는 공사 기간 내에 완료하고 제경비는 시공자가 부담한다.

4. 인접 문화재 및 유구의 보호

ㄱ. 시공자는 공사시행 중 인접 문화재의 보호에 최선을 다하여야 하며, 훼손되거나 훼손의 우려가 있을 경우 즉시 담당원에게 보고하고, 지시에 따른다.

ㄴ. 시공자는 공사시행에 있어 불필요한 터파기 등 지반을 절토해서는 아니된다. 단, 공사구간 내의 문화재수리에 필요한 유구확인을 위한 터파기 등을 하고자 할 경우에는 담당원의 승인을 받아 시행할 수 있다.

5. 공사안내판 및 표지설치

시공자는 공사안내판, 공사관련 안전표지판 등을 설치하되, 규격, 재료, 표기내용 및 설치장소 등은 담당원과 협의한다.

6. 공사현장관리 등

ㄱ. 시공자는 공사현장에서 관람객 및 근로자의 출입시간, 풍기와 보건위생의 단속, 화재, 도난, 기타의 사고방지에 대하여 유의한다.

ㄴ. 시공자는 현장작업자로 하여금 항상 단정한 복장으로 작업에 임하도록 하며 관람자에게 불쾌감을 주어서는 아니된다.

ㄷ. 시공자는 인접 시설물 및 수목 등이 손상되지 않도록 보호 및 보양시설을 한다.

ㄹ. 시공자는 현장 내외에 있는 기계, 기구, 재료 등을 정비·정돈하고, 공사장 내외의 정리·청소를 한다.

ㅁ. 시공자는 관람객의 안전과 관람편의를 위한 조치를 취한다.

7. 비상연락

ㄱ. 시공자는 현장조직체계 및 비상연락망을 구축하여 비상시 신속한 연락이 이루어지도록 한다.

ㄴ. 비상연락망에는 발주자, 지방자치단체, 병원, 경찰서, 소방서 등의 관공서와 담당원, 현장책임자, 현장작업원, 당직근무자 등의 연락처를 기재하도록 한다.

0140 재료관리

1. 일반사항

ㄱ. 교체되는 재료는 설계도서에 정한 것을 제외하고는 모두 신재를 사용한다.

ㄴ. 재료의 품질은 설계도서에 정한 품질로 하되, 정한 바 없는 경우에는 기존 재료와 품질이 같거나 동등품 이상으로 한다.

2. 견본품

ㄱ. 견본품은 기존의 재료와 같거나 가장 유사한 제품으로 제출한다.

ㄴ. 질감, 색깔, 무늬, 형태 등을 사전에 정할 필요가 있는 경우 견본품을 제출하여 담당원의 승인을 받아 선정한다.

3. 재료의 반입·반출

ㄱ. 현장에서 발생 및 반입된 재료는 담당원의 승인없이 일체 반출해서는 아니된다.

ㄴ. 재료의 반입은 담당원에게 문서로 보고하고, 담당원은 반입재료가 설계도서상의 조건에 적합한지를 확인하며, 필요에 따라 증빙자료를 첨부하게 할 수 있다. 단, 경미한 재료에 대하여는 담당원의 승인을 받아 보고를 생략할 수 있다.

ㄷ. 재료는 담당원이 지정한 장소에 반입, 보관한다.

ㄹ. 현장에 반입된 재료 중에 변질 또는 훼손 등으로 공사에 사용할 수 없다고 판단된 재료는 담당원의 지시를 받아 즉시 장외로 반출한다.

4. 지급 재료

ㄱ. 지급 재료의 종류, 수량, 인도, 기타 조건은 설계도서에 의한다.

ㄴ. 지급 재료를 인수할 때는 담당원의 입회 하에 검수하고, 변질되지 않도록 안전한 장소에 보관한다.

ㄷ. 지급 재료는 소정의 목적 외에 사용해서는 아니된다.

ㄹ. 지급 재료를 사용할 경우에는 지정양식에 기록하고 담당원의 승인을 받는다.

ㅁ. 시공자는 지급 재료의 규격, 품질 등이 설계도서에 적합하지 아니한 경우에는 그 내용을 문서로 보고하고, 담당원의 지시를 받는다.

5. 해체 재료

ㄱ. 해체 재료는 재사용재와 불용재로 구분하여 담당원의 확인을 받은 후 지정장소에 보관한다.

ㄴ. 해체 재료는 공사 기간 중에 외부로 반출해서는 아니된다. 단, 불용재 중 담당원의 승인을 받은 재료는 공사 기간 중에라도 반출할 수 있다.

6. 재료의 검사 및 시험

6-1 검사 및 시험

ㄱ. 설계도서에 정한 재료 또는 담당원이 필요하다고 인정한 재료에 대하여는 소정의 검사 및 시험을 하여야 한다. 이때, 소요되는 제경비는 시공자가 부담한다.

ㄴ. 재료의 검사 및 시험에 대하여는 이 시방서와 한국산업규격(KS), 건설교통부 제정 건축공사표준시방서, 토목공사표준시방서 등 제 규정에 의한다.

6-2 불합격 재료 처리

검사 및 시험에 불합격된 재료는 즉시 장외로 반출하고, 대체 재료를 반입하여 공사진행에 지장이 없도록 한다.

0150 시공관리

1. 공사기간

ㄱ. 시공자는 계약서상에 정한 기간 내에 공사를 착수하고, 계약 기간 내에 공사를 완료한다.

ㄴ. 시공자는 각 공정의 시작 전과 완료 전에는 담당원에게 보고하고, 담당원의 지시에 따라 다음 공정을 추진한다.

2. 시공도 작성

ㄱ. 계약된 설계도서와는 별도로 시공상 필요한 설계도서는 지체없이 도급자가 작성하여 담당원의 승인을 받아야 한다. 또한, 담당원은 필요하다고 인정되는 부분에 대하여는 부분상세도 등을 작성하도록 할 수 있다.

ㄴ. 작성된 시공도는 준공도서에 포함한다.

3. 공법

문화재수리에 사용되는 모든 재료의 가공, 설치, 공작법 및 사용기구 등은 기존의 양식과 기법으로 한다. 단, 담당원의 승인을 받은 경우에는 기타 기법으로 할 수 있다.

4. 모형의 제작

모형의 제작은 설계도서에 따르되, 담당원과 협의한다.

5. 용척

ㄱ. 미터법을 사용하되, 설계도서에 정하거나 당해 문화재에 사용된 용척을 제작하여 사용할 수 있다.

ㄴ. 용척의 재료, 크기 등은 담당원과 협의한다.

ㄷ. 사용된 용척은 담당원의 지시에 따라 당해 문화재에 보관하거나 발주자에게 제출한다.

0160 환경보호

1. 일반사항

ㄱ. 시공자는 대기환경보전법, 수질환경보전법, 소음·진동규제법, 기타 환경관련 법령을 준수하여 시공에 따른 공해가 발생하지 않도록 한다.

ㄴ. 시공자는 환경보호 규정을 지키도록 현장 조사자에게 철저히 교육시키고, 공기, 물, 토양 등이 오염되지 않도록 한다.

ㄷ. 소음이 심한 기계기구는 사용을 피하되, 불가피한 경우에는 담당원과 협의하여 소음방지시설을 설치하거나 작업시간을 정하여 사용한다.

2. 폐기물 처리

ㄱ. 폐기물 반출은 지정등록업체를 통해서 반출한다.

ㄴ. 중요 목부재, 기와문양 등의 폐자재는 담당원과 협의하여 처리한다.

ㄷ. 폐기물은 담당원 확인 하에 반출한다.

0170 안전관리 및 화재예방

1. 안전관리

시공자는 산업안전보건법 및 기타 관계 법령을 준수하고, 시공에 수반하는 각종 재해를 방지하기 위하여 안전관리자를 지정하여 철저한 안전관리를 한다.

2. 안전조치

ㄱ. 시공자는 공사현장 주변의 건축물, 도로, 매설물, 통행인에 재해가 미치지 않도록 조치를 취한다.

ㄴ. 공사현장 내의 사고, 화재, 도난의 방지에 노력하고, 특히 위험한 곳에 대하여는 면밀히 점검한다.

ㄷ. 불을 사용하는 경우에는 적절한 소화설비, 방염시트 등을 설치함과 아울러 불의 취급에 주의한다.

ㄹ. 공사현장에 있어서는 항상 정리정돈을 하며, 특히 추락의 우려가 있는 위험개소에 대하여는 항상 점검하여 사고방지에 노력한다.

ㅁ. 공사용 전력설비에 대하여는 특히 안전보호시설을 설치한다.

3. 안전표지 및 안전보호

ㄱ. 공사현장에서는 적절한 개소마다 안전표지를 설치한다.

ㄴ. 공사현장에서는 작업자에게 안전모와 기타 필요한 안전보호구를 착용하도록 한다.

4. 안전교육

시공자는 관계 법령에 따라 작업자에게 안전교육을 실시한다.

5. 안전시공

시공자는 산업안전보건법의 해당 규정을 준수하고, 시공 중인 공사 또는 작업자에게 위험이 없도록 각종 가설공사와 안전설비의 설치, 시공방법, 시공장비의 운전 및 현장정돈에 특별히 주의해야 하며, 특별히 안전시공에 대한 담당원의 지시가 있을 시에는 이를 반영한다.

6. 사고보고 및 응급조치

ㄱ. 공사시공 중 다음의 사고가 발생하였거나 발생할 우려가 있을 경우에는 즉시 담당원에게 보고 하고, 적절한 응급조치를 취한다.

① 토사의 붕괴, 낙반, 가시설물 및 건조물의 파손 또는 추락사고

② 사상사고

③ 제3자에 대해 피해를 입히는 사고

④ 기타 공사시행에 영향을 미치는 사고

ㄴ. 전 항의 경우에 사상사고, 차량사고 등 특히 긴급을 요하는 경우에는 사고개요를 구두 또는 전화로 6하 원칙에 따라 긴급보고 하고, 추후에 서면보고를 한다.

7. 안전 및 보양시설

안전 및 보양시설과 가설시설물에는 안전표지, 안전수칙, 화재방지, 조명, 가설울타리, 경비, 안전교육 등이 포함된다.

8. 재해방지

공사실시에 따른 재해방지는 건축법, 근로안전관리규정, 산재보험법, 소방법 및 전기관계법, 기타 관계 규정에 따라 적절한 대책을 강구한다.

9. 화재예방

ㄱ. 공사장 내에서는 화기사용을 금한다. 단 화기사용이 불가피한 경우에는 화재예방 조치를 취하고, 담당원의 승인을 받는다.

ㄴ. 공사장 내에서는 담당원이 지정하는 장소에 소화용기, 소화장비를 비치한다.

0180 수리보고 및 기록유지

1. 공사기록

공사 착공부터 준공까지의 현황조사, 작업공정, 시공방법 및 양식, 교체부재, 재료사용량, 시험성적 등 공사전반에 대하여 상세하게 기록한 공사일지 등을 공사 준공과 동시에 담당원에게 제출한다.

2. 사진촬영

ㄱ. 공정별로 착공 전, 공사 중, 준공사진을 촬영하여 사진에 대한 설명을 기록하고 공사준공과 동시에 사진첩(필름 포함)을 작성하여 제출한다. 이 때, 사진의 규격은 담당원의 지시에 따른다.

ㄴ. 사진촬영은 공사 전·후가 비교될 수 있도록 하고, 특히, 원형고증자료와 상량문, 묵서명 등은 별도 촬영한다.

3. 준공도면

ㄱ. 공사 준공시 준공도면을 작성하여 담당원에게 제출한다.

ㄴ. 준공도면작성은 설계도서에 따른다.

4. 준공보고서

ㄱ. 준공보고서는 시공자가 작성하여 준공시 담당원에게 제출한다.

ㄴ. 준공보고서는 작성완료 전 담당원에게 검토를 받는다.

ㄷ. 준공보고서에는 다음 내용을 포함한다.

① 공사 전·중·후 사진

② 공사 착공 전 및 준공도면

③ 사용재료 및 수량

④ 공사관계자 등 인력현황

⑤ 기타 공사관련 내용

0190 기타

1. 제식전

ㄱ. 공사관련 행사는 담당원과 협의한다.

ㄴ. 행사를 위한 경비는 시공자가 부담한다.

2. 인도

공사가 준공되면 시공자는 다음의 서류 및 물품을 인도한다.

① 준공보고서

② 준공도면

③ 현황 및 공사진행 사진첩

④ 탑본자료 및 현장조사서

⑤ 기타 담당원이 지시하는 서류, 자료, 물품 등

부록 2 : 참고문헌

1. 우리나라의 문화재 (1970. 문화재관리국)

2. 한국건축공장사연구 (1993. 김동욱. 기문당)

3. 한국목조건축의 기법 (1998 김동현. 도서출판 발언)

4. 한옥짓기 (2004. 문기현. 문화재보호재단)

5. 목조 (1995. 장기인. 보성각) · 석조 (1997. 장기인)

6. 한국건축사전 (1985. 장기인. 보성문화사)

7. 기와 (1993. 장기인. 보성문화원)

8. 옛기와 (1992. 김성구. 대원사)

9. 신라의 기와 (1976. 김동현 · 김주태외. 동산문화사)

10. 대목장 (1999. 윤홍로. 국립문화재연구소)

11. 단청장 (2001. 곽동해. 화산문화)

12. 문화재수리기능교재 (1993. 문화재관리국)

13. 문화재수리표준시방서 (2005. 문화재청)

14. 문화재수리표준품셈정비 제안서 (2005. 명지대 한건연구소)

15. 경국대전 (번역본) (1978. 일지사)

16. 육전조례 (번역본) (1867간행. 규장각소장)

17. 영조법식 (번역본) (1984. 국토개발연구원)

18. 영조법식의 연구 (1965. 竹島卓一. 일본중앙공론미술출판)

19. 화성성역의궤 (번역본) (2001. 경기문화재단)

20. 화성성역의궤 한자차용표기연구 (1991. 황금연. 전남대 국어국문학과)

21. 창덕궁영건도감의궤 (문화재관리국 소장)

22. 중국전통건축목작공구 (2004. 중국 동재대학출판부)

23. 중국고전건축의 원리 (번역본) (2000. 한동수 · 이상해 외 공역. 시공사)

24. 봉정사극락전수리보고서 (1992. 국립문화재연구소)

25. 경회루실측 및 수리공사보고서 (2000. 문화재청)

26. 한국의 성곽 (1991.손영식. 문화재관리국)

27. 한국건축양식론(1974. 정인국. 일지사)

28. 한국건축사(1972. 윤장섭. 동명사)

29. 한국의 전통건축(1992. 장경호. 문예출판사)

30. 한국의 석조미술 (1998.정영호. 서울대 출판부)

31. 기내능원지(1988. 문영빈 외. 경기도)

32. 일본건축기술사의 연구(영인본)(평성 16. 일본공론미술출판)

33. 공장들의 지혜와 工夫(1980. 일본 장국사)

34. 도구고사기(1983. 前 久夫. 東京미술)

35. 일본건축양식사 (미야모토 나가지로. 1999. 일본 미술 출판사)

36. 나무의 마음 나무의 생명 (번역본)(1994. 西岡常一. 삼신각)

37. 각종문화재실측조사보고서

38. 문화재수리보고서(문화재청)

39. 문화재관계법령집(2005. 문화재청)

부록3 : 도판목록

〔도1〕 화성성역의궤의 일부(팔달문, 1800)
〔도2〕 〈장인의 기와이기(김홍도 그림)〉 대목이 기둥다림(수직)보기를 하고 목수가 대패질을 하고 있음. 밑에서 흙을 빚어 올리고 기와를 던지면 지붕에서 받아 이음
〔도3〕 문화재수리 기능자 양성(2005)
〔도4〕 물건을 들어올리는 데 사용되는 것으로 12,000근의 돌덩이를 30명의 장정으로 작업이 가능한 것으로 기술되어 있다. (장정이 거중기를 쓰지 않고 직접 들어올릴 경우 대략 2,000 여명이 필요함)
〔도5〕 문화재 수리 기능자 연장(2000 기능자 선발대회)
〔도6〕 안악2호무덤(5~6세기, 황해남도, 안악군)
〔도7〕 쌍영총(쌍기둥무덤) 내부투시도(5세기, 평안남도 용강읍)
〔도8〕 봉정사 극락전 공포
〔도9〕 인도 자이프루 아멜성 궁전공포사진(16세기)
〔도10〕 주심포집 공포도(안동 봉정사 극락전)
〔도11〕 주심포집 입면도(안동 봉정사 극락전)
〔도12〕 공포 조립 모습(법주사 대웅보전,2004)
〔도13〕 종단면도 다포집 공포도(안동 봉정사 대웅전)
〔도14〕 입면도, 내부 다포집 공포도(안동 봉정사 대웅전)
〔도15〕 앙시도 다포집 공포도(안동 봉정사 대웅전)
〔도16〕 입면도, 외부 다포집 공포도(안동 봉정사 대웅전)
〔도17〕 다포집 입면도(안동 봉정사 대웅전)
〔도18〕 완주 화암사 극락전(조선 숙종 1714년)
〔도19〕 완주 화암사 극락전 공포단면도
〔도20〕 청동소탑(백제시대 추정, 하앙형식)
〔도21〕 일본 법륭사 금당 하앙공포(7세기)
〔도22〕 응현목탑(중국산서성, 1056)
〔도23〕 응현목탑 하앙공포
〔도24〕 이익공(궁궐형)
〔도25〕 초익공(사원형)
〔도26〕 익공(상류민가형)
〔도27〕 물익공(궁궐 · 사원 · 민가)
〔도28〕 측면도익공집 도면(달성 도동서원)
〔도29〕 앙시도 익공집 도면(달성 도동서원)
〔도30〕 정면도 익공집 도면(달성 도동서원)
〔도31〕 단면도 익공집 도면(달성 도동서원)
〔도32〕 경복궁 소주방지(적심석 발굴조사 상태, 2004)
〔도33〕 달성 도동서원 기단과 축대(조선시대)
〔도34〕 부석사 축대(고려시대)
〔도35〕 불국사 축대 (통일신라시대)
〔도36〕 경복궁 근정전 월대(조선 후기 1867)
〔도37〕 중국 자금성 태화전 월대(1695)
〔도38〕 자연석(덤벙)주초석
〔도39〕 주하반, 편수깎이(중국양식)
〔도40〕 방형초석 가공주초석
〔도41〕 원형초석 가공주초석
〔도42〕 그레질 도
〔도43〕 그레질 모습
〔도44〕 기둥 동바리 이음(하동 쌍계사 사천왕문, 2005)
〔도45〕 목재 부식부분 보존처리(일본 당초제사, 2004)
〔도46〕 여수 진남관 전경
〔도47〕 진남관 내부
〔도48〕 기둥하부 부식부분 처리
〔도49〕 외부 부식 처리 후 기둥상태
〔도50〕 균열방지 종이바름
〔도51〕 사개맞춤
〔도52〕 첨차와 소로의 고정촉
〔도53〕 보머리 보존처리 장면(처리 후 재사용)
〔도54〕 각종 보의 단면(한국목조건축의 기법, 김동현 저)

〔도55〕 강릉 객사문 단면도 보수 후(솟을합장으로 복원)
〔도56〕 강릉 객사문 단면도 보수 전(판대공 상태)
〔도57〕 서까래 좌판
〔도58〕 부연도(목조건축, 장기인 저)
〔도59〕 경복궁 경회루 추녀 상세도
〔도60〕 경복궁 경회루 추녀 상세도
〔도61〕 추녀와 선자연도(김동현 저, 한국목조건축의 기법에서 전재)
〔도62〕 도리집 기둥상부 및 공포의 조립 과정도
〔도63〕 초익공집 기둥상부 및 공포의 조립 과정도
〔도64〕 이익공집 기둥상부 및 공포의 조립 과정도
〔도65〕 주심포집 기둥상부 및 공포의 조립 과정도
〔도66〕 다포집 기둥상부 및 공포의 조립 과정도
〔도67〕 안동 봉정사 극락전 단면도(처마내밀기는 기둥 밑둥의 중심선과 평고대 하단과의 각도(θ)가 30°를 이루는 것이 기준이 된다)
〔도68〕 사람얼굴무늬 수막새(고신라, 영묘사터 출토)
〔도69〕 암수막새 재현 부여출토(백제시대)
〔도70〕 경복궁 향원정(조선 후기 1867)
〔도71〕 북경, 청대 건축의 지붕(청대 18세기)
〔도72〕 각종 기와등 무늬
〔도73〕 봉황상 수막새(조선시대, 궁궐) 막새 문양도
〔도74〕 용상 암막새(조선시대, 궁궐) 막새 문양도
〔도75〕 조선시대 막새(박쥐상) 막새 문양도
〔도76〕 조선시대 막새(사찰, 재현품) 막새 문양도
〔도77〕 각종상와(조선시대)
〔도78〕 합각부분 구조와 기와이기
〔도79〕 단청의 세부 명칭
〔도80〕 유교건축 단청(서울문묘, 기둥의 석간주와 뇌록만으로 단청)
〔도81〕 남한산성〈북문 동측〉 2005. 7 발굴조사현장-성벽기저부와 군포지, 집수구 등 발견
〔도82〕 성벽의 심석(A)
〔도83〕 서울 아차산성 성벽 단면도
〔도84〕 성벽 붕괴된 단면상태(보은 삼년산성, 신라시대)
〔도85〕 성벽단면상태(청주 상당산성, 균열부 안정상태, 조선시대)
〔도86〕 광주 남한산성 보수(검은색 구재, 흰색 신재, 조선시대)
〔도87〕 일본 오사카성 보수(검은색 구재, 흰색 신재, 16세기)
〔도88〕 수원성(화성, 조선시대, 1796)
〔도89〕 일본 오사카성(16세기)
〔도90〕 중국 만리장성(명대, 1368~1644)
〔도91〕 석탑의 각부 명칭도
〔도92〕 익산 미륵사지 석탑(백제시대, 일제강점기 콘크리트로 보강한 것을 완전해체 보수 중)
〔도93〕 부여 정림사지 오층석탑(백제시대)
〔도94〕 경주 불국사 다보탑(통일신라시대)
〔도95〕 경천사지 10층석탑(고려시대, 2006 국립중앙박물관 소장)
〔도96〕 중원 미륵사지 오층탑과 불상, 석등 등(고려시대)
〔도97〕 홍예교 형식
〔도98〕 균열부분(A)에 수지 보강처리(2005)
〔도99〕 궁궐 사괴석담(경복궁)
〔도100〕 민가 토석담(예산 추사고택)
〔도101〕 경복궁 아미산 굴뚝 보수 (꽃담 형태의 굴뚝, 풍화된 벽돌만 보수, 2004)
〔도102〕 공주 무령왕릉 현실내부(백제시대)
〔도103〕 유적지 정비 전(강화 선원사지)
〔도104〕 유적지 정비 후(강화 선원사지)
〔도105〕 경복궁 정비(1995 조선총독부청사 철거)
〔도106〕 경복궁 흥례문 복원(2001)
〔도107〕 경주 안압지 복원 정비(1980)
〔도108〕 불국사 복원 정비 후(1970년대)
〔도109〕 불국사 복원 정비 전(일제강점기)
〔도110〕 건물지 정비(일본, 나라 도성궁)-건물지 발굴 조사 후 1m 정도 성토한 위에 기단부분 조성
〔도111〕 건물지 정비(일본 사가현, 요시노거리 유적)-건물지 발굴 조사 후 건물을 복원하고 실제 사람이 당시의 생활을 재현(선사시대)
〔도110〕 먹통과 먹칼(건축장인의 땀과 꿈, 1999. 국립민속박물관)

부록 4 : 찾아보기 (괄호 안은 쪽 수임)

ICOMOS 27
가공주초석 55
가구기단 52
강릉객사문 14, 73
강회다짐 52, 78
거중기 21, 29
경회루추녀 86
고분왕릉보존 132
고적조사위원회 11
공장 18, 19
공포 31, 34
공포조립과정도 92
교육 및 양성 28
구조부재조립순서 91
귀솟음 14, 15
그레질 50, 91
기단 22, 47
기와못 100, 103
기와이기 20, 92
기와종류 104
기와형태 95, 96
다리(석교)담장 29, 52
다포공포도 39
단면치수 58
단청 24, 29
당주홍 24
대공 34, 36
대부등 24
덤벙주초석 54, 55
덧서까래 82
도리집 34, 62, 72
도면과 사진목록 137

도편수 18
독립기초 46
동자주 23, 36
말뚝지정 47
목부재료 75
문화재보존규범 26, 27
바래기기와 100, 102
박공널 91
배흘림기둥 14
법륭사금당 41
보 34, 92
보강방법 30, 31
보머리보존처리 70
보수와 교체 27
보수의 개선 29
보의단면 70
보존림 28
보토 82, 92
부연 23, 75
부재선형 58
사개맞춤 61
사래 58, 75
산자엮기 82, 106
상와(잡상) 19, 24
석성 110, 111
석주 23
석탑 120, 122
선자연 23, 58
성돌재료 111, 112
성벽보수 109, 115
성벽보수방침 114
성벽보수범위 113

성벽주위정비 20, 92
소로 23, 34
솟을합장 72, 73
수리방법 30
신방석 23
쌍영총 35
아멜성공포 36
안쏠림 14, 15
안악2호무덤 35
안초공 23, 91
안허리곡 15, 29
연가 24
연목 41, 42
연함 75, 89
영조척도 15, 16
와장대석기단 50
용두 101
용면(귀면) 102
월대 50, 52
유적지정비 15, 29
응현목탑 41
익공 23, 38
익공공포 42
자연석기단 49
자재준비(성벽) 115
장대석지정 47
장여 69, 72
장인 10, 15
장인의위상 135
절병통 24, 100
종량 23
좌판 79, 81

주두 23, 34
주심포공포도 37
주심포집 34, 37
주초석 46, 47
중암키와 24
지붕물매 94
창방 23, 36
처마앙곡 15
첨차 34, 35
청동소탑 41
초가리기와 103
추녀 14, 15
추녀와 선자연도 87
치미와 취두 100
토수 24, 87
토축기단 48
퇴량 23, 72
판축기초 47
평고대 75, 80
평방 36, 38
하방고맥이 52, 57
하앙공포 40, 41
하엽 18, 24
한국건축사 11
화반 23, 36
황필 24
회벽공사 106
횡목지정 47

이 책은 한국문화재보호재단 문화재수리기술강좌 관련 교재로, 독자들의 전통문화에 대한 이해와 보급을 위하여 제작하였으며 교육과정은 다음과 같습니다.

○ 교육기간 : 3월~7월(매주 토요일/ 6시간)
○ 교육내용
  • 보수 : 건축구조, 건축시공 등
  • 단청 : 단청개론, 색채론, 실기 등
  • 조경 : 전통조경 이론, 조경설계, 시공 등
  • 실측설계 : 문화재해체 실측 실례, 한옥설계 등
  • 공통과목 : 문화재보호법, 한국사, 건축사
○ 강 사 진 : 해당분야 대학교수 및 문화재위원, 수리기술자 등
○ 안   내 : 문화연수팀(02-3011-1724)

전통건축의 수리와 정비

발 행 처	한국문화재보호재단
	서울시 강남구 삼성동 112-2
	전화 : 02-3011-1704 팩스 : 02-567-6979
발 행 인	이세섭
발 행 일	2006년 3월 31일
	2007년 3월 29일 2쇄
	2011년 4월 29일 3쇄
지 은 이	윤홍로
출판등록	제2-183호(1980.10.31)
인 쇄 처	미르인쇄

ⓒ 2011 한국문화재보호재단

값 23,000원
ISBN 89-85764-46-2 04610

본문에 게재된 내용 및 사진의 무단복제나 전제를 금합니다.
잘못된 책은 구입하신 서점에서 바꿔드립니다.